ELASTICIDADE
Volume III

"Cinelástica"

Leandro Bertoldo

Dedicatória

Dedico este livro à minha amada mãe
Anita Leandro Bezerra

"Há poder no conhecimento de ciências de toda a espécie, e é designo de Deus que a ciência avançada seja ensinada em nossas escolas como preparação para a obra que há de preceder as cenas finais da história terrestre". (Fundamentos da Educação Cristã, 186).

Ellen Gould White
Escritora, conferencista, conselheira,
e educadora norte-americana.
(1827-1915)

Sumário

Dados biográficos

Prefácio

Capítulo I: Introdução Geral

Capítulo II: Fenômenos Uniformes

Capítulo III: Gráficos e Potência

Capítulo IV: Fenômenos Variados

Capítulo V: Função Fluxo

Capítulo VI: Flexão

Capítulo VII: Alavanca

Capítulo VIII: Flexão Angular e Movimento Circular

Capítulo IX: Gráfico e Força

Dados biográficos

Leandro Bertoldo é o primeiro filho do casal José Bertoldo Sobrinho e Anita Leandro Bezerra. Tem um irmão chamado Francisco Leandro Bertoldo. Os dois seguiram a carreira no judiciário paulista, incentivados pelo pai, que via algo de desejável na estabilidade do serviço público.

Leandro fez as faculdades de Física e de Direito na Universidade de Mogi das Cruzes – UMC. Seu interesse sempre crescente pela área das exatas vem desde os seus 17 anos, quando começou a escrever algumas teses sérias a respeito do assunto. Em 1995, publicou o seu primeiro livro de Física, que foi um grande sucesso entre os professores universitários. O seu comprometimento com o Direito é resultado de suas atividades junto ao Tribunal de Justiça do Estado de São Paulo.

Leandro casou-se duas vezes e teve uma linda filha do primeiro matrimônio chamada Beatriz Maciel Bertoldo. Sua segunda esposa Daisy Menezes Bertoldo tem sido sua grande companheira e amiga inseparável de todas as horas. Muitas de suas alegrias são proporcionadas pelos seus amados cachorros: Fofa, Pitucha, Calma e Mimo.

Durante sua carreira como cientista contabilizou centenas de artigos e dezenas de livros, todos defendendo teses originais em Física e Matemática, destacando-se: "Teoria Matemática e Mecânica do Dinamismo" (2002); "Teses da Física Clássica e Moderna" (2003); "Cálculo Seguimental" (2005); "Artigos Matemáticos" (2006) e "Geometria Leandroniana" (2007), os quais estão sendo discutidos por vários grupos de pesquisas avançadas nas grandes universidades do país.

Prefácio

Elasticidade é a primeira obra exaustiva e de natureza sistemática produzida *ab ovo* pelo autor no período de 1978 a 1980. Trata-se de um livro de fôlego, constituído por mais de mil páginas, que foram distribuídas em cinco volumes. O livro encontra-se inteiramente estruturado no método científico, especialmente pela análise matemática. Partindo de poucos princípios, o livro cresceu alimentando-se do método da analogia com os diversos ramos da Física Clássica. O manuscrito original desta obra apresenta uma letra bem delineada, bastante caprichada, clara e limpa. Naquela época o autor era um intelectual vanguardista bastante jovem e orgulhoso, que contava apenas 19 anos de idade. Ainda estudante colegial, aplicava-se com afinco à leitura de Descartes, Locke, Rousseau, Voltaire, Leibniz, Galileu, Newton, Einstein etc. Além disso, dedicava todo seu tempo livre na elaboração de profundas pesquisas científicas em física. Somente a juventude do autor poderia permitir a introdução de conceitos inovadores e de ideias inusitadas no campo da Física Clássica, como se pode constatar nesta obra.

Na falta de um nome apropriado para designar as novas leis, fórmulas e conceitos, provisoriamente, lancei mão do nome que estava mais acessível naquele momento: "Leandro". Entretanto, tal nome poderá ser substituído por outra designação mais adequada, que a ciência achar conveniente.

O próprio título da obra articula bem os seus objetivos: "Elasticidade". Ela visa realizar o estudo sistemático das propriedades das deformações elásticas e plásticas que os corpos apresentam ao serem submetidos à ação de uma intensidade de força.

O **primeiro volume** desta série é dedicado ao estudo dos princípios fundamentais envolvidos nas deformações elásticas. Nele é analisado o equilíbrio elástico, o conceito de dinamoscópio, dinamômetros, escalas dinamométricas, quantidade elástica, tração, compressão, deformações lineares, superficiais e volumétricas e finalmente analisa a relação entre as deformações e a temperatura.

O **segundo volume** foi consagrado ao estudo dos sistemas e instrumentos de medidas elásticas, como por exemplo, os leandrometros e multímetros dinamoscópico, bem como o estudo das pontes elásticas, associações em série e em paralelo de corpos dinamoscópicos.

O **terceiro volume** desta série é destinado ao estudo das grandezas físicas da Cinemática e da Dinâmica, aplicadas às forças e às deformações elásticas dos corpos dinamoscópicos.

O **quarto volume** está voltado ao estudo das contrações e expansões laterais, provocadas pelas deformações por tração e compressão linear, superficial e volumétrica.

O **quinto volume** desta série propõe estudar os corpos dinamoscópicos elásticos, semielásticos e plásticos, rigidez dinamoscópica, ponto de ruptura, conceitos geométricos aplicados na dinamoscopia, campo elástico e estudos sobre os reostatos dinamoscópicos.

Enfim, o livro é revolucionário e inovador. Ele traz em seu bojo muitas pesquisas originais e inéditas, produzidas pelo autor em sua juventude. Esta obra estabelece claramente um paradigma ao criar um novo ramo da Física Clássica: Elasticidade.

O autor folga em oferecer ao grande público ledor esta maravilhosa obra, esperando que venha a ter boa acolhida entre os homens de ciência e visionários do futuro, a fim de que o universo do nosso conhecimento continue no seu grande processo de expansão.

leandrobertoldo@ig.com.br

CAPÍTULO I
Introdução Geral

1. Introdução

Nesta obra são analisadas as deformações elásticas relacionadas com a cinemática, o que origina a denominação de "Cinelástica" para caracterizar o presente estudo das deformações elásticas. A Cinelástica discute atualmente as deformações processadas por intermédio de dois movimentos particulares:

a) O movimento uniforme de fluxo dinamoscópico e de velocidade constante

b) O movimento uniformemente variado de fluxão dinamoscópica e aceleração constante com o tempo

No presente capítulo dou início ao estudo geral da Cinelástica. A deformação sofrida pelo corpo dinamoscópico, analisada em relação à posição da deformação de um ponto onde se imprime a força. Essa posição é determinada na própria trajetória da deformação em relação ao referencial dinamoscópico. Discutindo a noção de fluxo e fluxão dinamoscópico média, e analisando os movimentos relacionados com as deformações elásticas.

2. Movimento e Deformação

Para poder deformar um corpo dinamoscópico qualquer, é necessário imprimir-lhe certa intensidade de força no extremo livre desse corpo. Essa força provoca como conseqüência fundamental, uma deformação, seja ela por tração ou compressão e até mesmo por flexão.

Essa deformação é caracterizada pelo deslocamento do ponto onde se imprime a força, de uma posição (A) para outra (B). E, naturalmente, se o ponto onde se imprime a força sofre um deslocamento de uma posição para outra, ocupando a cada momento um intervalo do espaço; então se conclui que esse ponto apresenta um movimento. Desse modo, verifica-se que o ponto onde se imprime a força numa posição (A) está em movimento em relação a uma posição (B) quando a distância da deformação entre a posição (A) em relação a (B), quaisquer que sejam essas posições, varia com o decorrer do tempo. Geralmente admite-se como sistema de referência a posição inicial na qual a extremidade do corpo dinamoscópico é afixada a um referencial inercial.

Como a deformação de um corpo dinamoscópico qualquer apresenta um movimento, então posso afirmar que ele também apresenta uma velocidade, que na realidade nada mais é do que a denominação da intensidade do movimento.

A partir desse raciocínio, passo a verificar e a estabelecer os postulados fundamentais que regem a deformação elástica e o movimento cinemático.

3. Postulado Único de Leandro

A Cinelástica analisa os movimentos das partes deformadas. Toda deformação que ocorre na natureza é inseparável do movimento das partes deformadas.

Para provocar a deformação de qualquer corpo dinamoscópico é necessário imprimir-lhe certa intensidade de força. Como consequência fundamental ocorre o movimento da deformação, que se deslocou de um estado anterior na ausência de forças para um estado posterior na presença de forças.

Desse modo, enunciei o seguinte postulado, que denominei por postulado único de Leandro:

"De toda e qualquer deformação clássica segue-se um movimento das partes submetidas à ação de forças e ambos (deformação e movimento) são inseparáveis".

De outro modo pode-se afirmar que: "Toda deformação está associada a um movimento das partes do sistema". Dessa maneira, uma definição resulta que a Cinelástica é a parte da elasticidade que descreve as deformações e os movimentos resultantes.

Na Cinelástica vou procurar preocupar-me com a descrição da deformação; determinar a intensidade elástica em função das leis da cinemática; o fluxo e a fluxão dinamoscópicas em um determinado instante de tempo.

Porém, antes de iniciar a análise geral da Cinelástica, algumas noções fundamentais são absolutamente necessárias para dar o início a esse estudo.

4. Ponto Dinamoscópico

Em Cinelástica trabalho com um móvel especial chamado por "ponto dinamoscópico". Esse ponto é aquele localizado na extremidade do corpo dinamoscópico, onde se imprime a força deformadora.

Desse modo, "ponto dinamoscópico" é simplesmente o local do corpo dinamoscópico onde é impressa a força estática. Costumo representar esse ponto, nessas condições, por um ponto geométrico. Em todas as questões e fenômenos abordados na Cinelástica, os pontos onde se aplicam as forças em estudo são considerados pontos dinamoscópicos.

5. Trajetória da Deformação

De acordo com a definição de trajetória, ela é classificada como sendo as diversas posições sucessivas ocupadas pelo ponto dinamoscópico com o decorrer do tempo, unindo essas diversas posições resultam numa figura geométrica denominada por "trajetória".

Desse momo, a trajetória descrita pelo ponto dinamoscópico na deformação linear, seja por compressão ou por tração é uma linha reta. Já a deformação por flexão apresenta uma trajetória perfeitamente circular.

6. Movimento e Repouso Dinamoscópico

A Cinelástica é o ramo da elasticidade que estuda as deformações relacionadas com o movimento dessas partes deformadas. Todo tipo de movimento está associado com o passar do tempo. Assim, um corpo dinamoscópico está em estágio de deformação quando está em movimento, e sua deformação, verificada pelo ponto dinamoscópico, muda com o decorrer do tempo. Analogamente, digo que o mesmo se encontra em repouso se a posição do ponto dinamoscópico permanecer inalterada com o decurso do tempo. Em outras palavras, se a deformação de um corpo dinamoscópico não mudar com o decorrer do tempo, diz-se que o sistema está em repouso.

7. Referencial Dinamoscópico

Verifica-se facilmente que as noções de movimento e de repouso são relativas aos sistemas de referencia; pois, simultaneamente o mesmo ponto dinamoscópico pode estar em movimento com relação a um referencial e em repouso com relação a outro.

Na ausência de um referencial previamente escolhido, nada se pode afirmar quanto à deformação, movimento e repouso.

Por isso mesmo, passo a estabelecer o referencial dinamoscópico. Esse referencial é dado pela posição ou localização da extremidade do corpo dinamoscópico afixada a um referencial inercial.

A referida consideração permite estabelecer a noção de movimento e repouso na elasticidade. Desse modo postula-se:

a - O ponto dinamoscópico está em movimento em relação ao referencial dinamoscópico, quando sua posição medida nesse referencial variar com o decorrer do tempo. E, portanto a deformação linear varia com o decorrer do tempo;

b - O ponto dinamoscópico está em repouso em relação ao referencial dinamoscópico, quando sua posição medida nesse referencial, não variar com o decorrer do tempo.

8. Posição do Ponto Dinamoscópico num Eixo

Quando o ponto dinamoscópico está em repouso em relação ao referencial dinamoscópico. A explicação desse repouso pode ser solucionada por duas deduções lógicas:

a - O ponto dinamoscópico encontra-se na ausência de força, e por isso mesmo, permanece em repouso.

b - O ponto encontra-se submetido à ação de uma força estática constante, o que mantém a deformação do corpo dinamoscópico constante. Pois a intensidade de força varia diretamente com a deformação, e como esta se encontra em repouso é porque a intensidade da força estática imprimida permanece constante.

Quando o ponto dinamoscópico desloca-se, em relação ao referencial dinamoscópico, é porque se encontra submetido à ação de uma força estática variável. Pois a deformação aumenta com o decorrer do tempo. Assim, pode-se concluir que um corpo dinamoscópico encontra-se em estado de deformação, quando a força imprimida varia como decorrer do tempo.

Desse modo, quando o ponto dinamoscópico encontra-se em repouso ou deslocando-se em um eixo, sua deformação fica perfeitamente determinada pela abscissa, que, como foi observado, é a deformação entre o ponto dinamoscópico e o referencial dinamoscópico.

A primeira etapa da Cinelástica é procurar determinar a deformação do corpo dinamoscópico. A posição do ponto dinamoscópico pode ser associada à noção de uma escala métrica.

Ao longo de uma escala métrica existem divisões em unidades menores; que podem ter a função de localizar elementos da escala e da deformação que nela é verificada. Assim, a posição do ponto dinamoscópico, é determinada pela deformação do corpo dinamoscópico. Isto não significa que o resultado da escala métrica corresponde à deformação total, pois o corpo dinamoscópico poderia ser deformado em qualquer ponto da escala e não necessariamente no início da contagem das unidades na escala.

A deformação linear pode ser por tração ou por compressão, desse modo o sentido da deformação não depende da posição dada pela unidade da escala.

Para uma análise da Cinelástica, passo a convencionar arbitrariamente um marco zero na escala, a partir do qual é possível medir o comprimento do corpo dinamoscópico deformado, o que indica a posição do ponto dinamoscópico, porém não fornece nem o sentido, nem a deformação provocada.

Por isso é conveniente orientar a trajetória da deformação. Assim, é escolhido arbitrariamente e de certa forma convencionalmente, o *sinal positivo* para as posições das deformações por trações, que se situam de um lado do marco zero e, evidentemente, o *sinal negativo* para as posições das deformações por compressões, situadas ao lado opostos. Quando ocorre a restituição os sinais se invertem para ambos os casos.

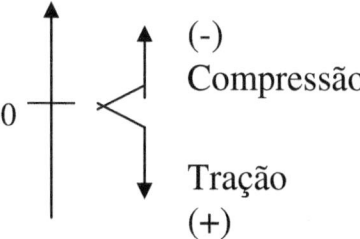

Com a trajetória da deformação orientada, a noção de posição do ponto dinamoscópico e, portanto, a deformação transforma-se em uma noção algébrica. Habitualmente um lugar da palavra "posição" do ponto dinamoscópico é "empregada" a palavra deformação.

9. Função Horária

Considero deformação, o comprimento algébrico do arco de trajetória que vai desde uma origem (0), fixada arbitrariamente na escala, até o extremo do corpo dinamoscópico onde se encontra o ponto dinamoscópico no instante em que se quer considera-lo. Naturalmente, associa-se a essa deformação algébrica um sinal, positivo ou negativo, dependendo da orientação previamente estabelecida para a trajetória.

Seja então (T) a trajetória de um ponto dinamoscópico, em relação ao sistema de referencia dinamoscópica. Para determinar a deformação do sistema cinelástico dinamoscópico em cada instante. Determinar a intensidade de força imprimida a cada instante, sobre a trajetória, fixa-se uma origem (0) e adota-se um sentido de percurso. A posição (p) de deformação (L) de um corpo dinamoscópico, no instante (t), fica perfeitamente determinada pelo comprimento algébrico da deformação ($\overline{op}$), ao qual se associa o sinal positivo quando os pontos (o) e (p) se sucedem no sentido da orientação da trajetória e o sinal negativo em caso contrário. O mesmo se diga da intensidade de força imprimida no processamento da deformação do corpo dinamoscópico. Entretanto, existem situações em que se iniciou a deformação e, portanto o movimento, o ponto dinamoscópico não se encontrava exatamente na origem do fenômeno da deformação, mas sim em uma posição (p_0) de deformação (L_0), denominada por deformação inicial. A intensidade de força imprimida até esse ponto (F_0) é chamada por intensidade de força inicial.

a) **L = f (t)**

b) **F = f (t)**

Essas duas equações permitem determinar a deformação do corpo dinamoscópico e a intensidade de força imprimida, em relação à origem (0), em cada instante de tempo.

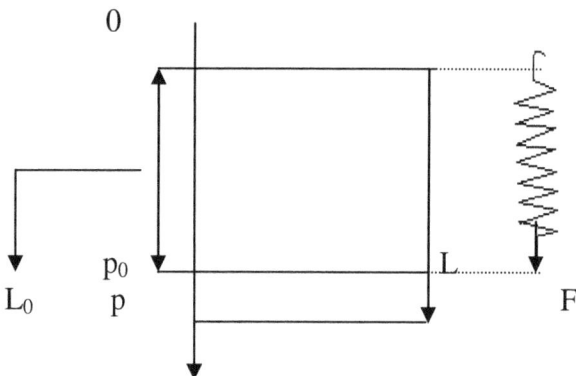

10. Forças e Deformação

Sabe-se que a deformação de um corpo dinamoscópico é consequência direta da ação de uma força. Como de toda deformação segue-se um movimento, muitos poderiam concluir que essa intensidade de força é a mesma responsável pelo deslocamento de um móvel. Mas, na realidade não é verdade. Pois, sabe-se pela lei de Robert Hook que a intensidade de força imprimida é diretamente proporcional à deformação. E nesse caso seria possível provocar sempre a mesma deformação, imprimindo o corpo dinamoscópico com um movimento maior ou menor, que em nada vai alterar a intensidade de força necessária para provocar a referida deformação. Ou então, verificam-se as diferentes velocidades em corpos dinamoscópicos de diferentes intensidades elásticas, submetidos à mesma intensidade de força.

11. Classificação dos Movimentos Lineares

Atualmente, os movimentos lineares são classificados em duas amplas categorias, que são as seguintes:

a) **Movimentos Uniformes**. São aqueles que possuem velocidade de deformação constante. Esse movimento na Cinelástica também é caracterizado por apresentar um fluxo dinamoscópico constante.

b) **Movimentos Variados**. São aqueles cuja velocidade da deformação varia no tempo e o fluxo dinamoscópico também varia com o decorrer do tempo.

De início, no presente livro, passarei a analisar os fenômenos cinelásticos que derivam do movimento uniforme.

CAPÍTULO II
Fenômenos Uniformes

1. Introdução

O movimento uniforme associado à Cinelástica implica que o ponto dinamoscópico percorre distâncias iguais em intervalos de tempos iguais. Ou seja, o corpo dinamoscópico sofre deformações iguais em intervalos de tempo iguais e a velocidade média de deformação em qualquer intervalo de tempo tem sempre o mesmo valor; quando isso ocorre diz-se que a velocidade da deformação é constante no decurso do tempo Esse movimento é provocado pelo operador da deformação. Movimentos como esses, que possuem velocidade dinamoscópica constante com o tempo, são chamados movimentos uniformes; neles, o sistema dinamoscópico considerado sofre deformações iguais em intervalos de tempos iguais.

Desse modo, no movimento uniforme, a velocidade dinamoscópica média calculada em qualquer intervalo de temo é sempre a mesma: nele, a velocidade dinamoscópica média é a própria velocidade do movimento da deformação.

2. Lei da Velocidade Dinamoscópica Média

Considere um corpo dinamoscópico, cujo ponto dinamoscópico esteja se deslocando em um movimento uniforme. Seja então (ΔL) a deformação descrita pelo ponto dinamoscópico durante um intervalo de tempo (Δt). Por definição, chama-se por velocidade dinamoscópica média (V_m) o quociente entre a variação da deformação sofrida pelo corpo dinamoscópico, inversa pela variação de tempo decorrido no processamento da referida deformação.

Simbolicamente, o referido enunciado é expresso por:

$$V_m = \Delta L/\Delta t$$

3. Equações da Deformação Cinelástica do Movimento Uniforme

Um sistema dinamoscópico encontra-se imprimido por uma intensidade de força e submetido a um movimento uniforme, quando a velocidade dinamoscópica média se mantém constante durante todo o processo de deformação. Dessa maneira é possível concluir que:

a) Em qualquer trecho da deformação, a velocidade dinamoscópica média do sistema é sempre a mesma;

b) Em qualquer trecho da deformação, a velocidade instantânea é a mesma e ainda igual à sua velocidade média em qualquer trecho da deformação.

c) O sistema é deformado linearmente em intervalos iguais em duração de tempos iguais.

Passarei a estudar, pois o movimento uniforme aplicado na elasticidade, considerando para tanto uma deformação qualquer. Utilizarei então uma reta orientada, que se convencionará como sendo a própria trajetória da deformação. Para poder se referir às deformações que o sistema dinamoscópico irá assumindo em cada instante, será escolhida uma origem (0) arbitrária, designada como marco zero da deformação. Será ainda escolhido, para a cronometragem do tempo, um instante também arbitrário, denominado instante origem da cronometragem.

Seja (p_0) a posição da deformação (L_0) do corpo dinamoscópico, no instante origem da cronometragem (t = 0).

Verifica-se que ao iniciar a deformação, o ponto dinamoscópico não precisa necessariamente se encontrar na origem da deformação (0), ou seja, ela pode estar previamente situada com certa deformação da origem, dada pela abscissa (L_0).

A finalidade do presente estudo é determinar a deformação que o sistema apresenta com relação à origem (o) fixada, num certo instante.

Seja p a posição no estágio da deformação (L) do sistema, no instante (t).

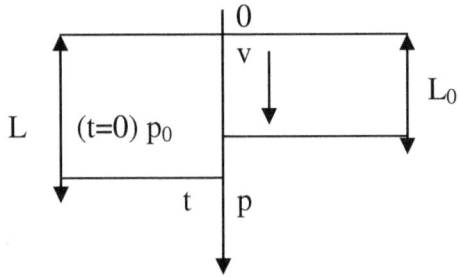

A letra (L) representa a deformação que caracteriza a posição do ponto dinamoscópico do sistema no instante t, com relação à origem (0), e não a deformação sofrida pelo sistema (L – L_0) no intervalo de tempo que se estende de (0 a t).

Introduzindo então uma lei que permite determinar a deformação do sistema em cada instante (t).

Durante o intervalo de tempo (t – 0 = t), o sistema dinamoscópico sofre realmente a deformação (L – L_0 = ΔL).

Da definição de velocidade dinamoscópica média, tem-se:

$$V_m = \Delta L / \Delta t$$

Como no caso a velocidade da deformação se iguala à velocidade escalar instantânea ($V_m = V$), pode-se escrever:

$$V = \Delta L/\Delta t = L - L_0/t - 0 = (L - L_0)/t \Rightarrow V = (L - L_0)/t$$

Portanto:

$$L - L_0 = V \cdot t$$

Isto implica que:

$$L = L_0 + V \cdot t$$

Esta é a equação horária da deformação ou equação da deformação que possibilita determinar a cada instante (t), o comprimento do corpo dinamoscópico em relação à origem zero.

A lei resultante dessa equação é enunciada nos seguintes termos:

"O comprimento de um corpo dinamoscópico, submetido a um movimento uniforme é igual ao comprimento inicial somado com o produto da velocidade dinamoscópica pelo tempo decorrido".

Pela referida lei, pode-se concluir que a variação de deformação de um corpo dinamoscópico submetido a um movimento uniforme é igual à velocidade dinamoscópica em produto com o tempo.

4. Intensidade Elástica em Cinelástica

Por definição a intensidade elástica de um corpo dinamoscópico qualquer é igual ao quociente da variação da deformação inversa pela intensidade de força impressa.

O referido enunciado é expresso simbolicamente por:

$$i = \Delta L/\Delta F$$

Pela definição de velocidade dinamoscópica, sabe-se que esta é igual ao quociente da variação da deformação, inversa pela variação de tempo. Simbolicamente, o referido enunciado é expresso por:

$$V = \Delta L/\Delta t$$

A razão entre a intensidade elástica pela velocidade dinamoscópica resulta que:

$$i/V = (\Delta L/\Delta F) / (\Delta L/\Delta t)$$

Eliminando os termos em evidência, resulta que:

$$i/V = \Delta t/\Delta F$$

Logo, conclui-se que a intensidade elástica de um corpo dinamoscópico é igual ao quociente do produto da velocidade dinamoscópica pela variação de tempo, inverso pela intensidade de força imprimida no decorrer do tempo. Simbolicamente, o referido enunciado é expresso por:

$$i = V \cdot \Delta t/\Delta F$$

5. Fluxo Dinamoscópico do Movimento Uniforme

Pelo estudo da elasticidade sabe-se que a deformação do corpo dinamoscópico varia diretamente com a intensidade de força imprimida. Se a intensidade de força dobrar, triplicar, a deformação do corpo dinamoscópico por consequência deverá dobrar, triplicar, respectivamente. Se em um dado instante a intensidade da força imprimida for mantida constante, a deformação mantém-se também constante, e, portanto o sistema entra em repouso.

Como no movimento uniforme, as deformações sofridas pelo corpo dinamoscópico variam em intervalos iguais por intervalos iguais de tempo; então, a intensidade de força imprimida para provocar essas deformações idênticas nos respectivos intervalos de tempo, varia também em intervalos iguais.

Considere uma intensidade de força imprimida em um corpo dinamoscópico por intermédio de um movimento uniforme, cuja deformação sofrida pelo sistema e a força imprimida se estende desde uma origem (0), fixada arbitrariamente, até a deformação onde se encontra localizada o ponto dinamoscópico no instante em que se quer considera-lo. Naturalmente, associa-se a essa intensidade de força ou deformação um sinal, positivo ou negativo, dependendo da orientação previamente estabelecida para o sentido da deformação, pois esta coincide com o sentido da intensidade de força imprimida no sistema.

Seja então (T) a trajetória do ponto dinamoscópico, em relação ao sistema de referência dinamoscópica. Para determinar a intensidade da força imprimida nos sistema dinamoscópico em cada instante, sobre a trajetória do sistema deformado, fixa-se uma origem (0) e adota-se o sentido da deformação. A intensidade da força imprimida (F), para provocar a deformação do corpo dinamoscópico, no instante (t), fica perfeitamente determinada pela intensidade algébrica da força, naquele estágio de deformação, ao que se associa um sinal positivo quando o sentido da força imprimida se sucede no sentido da orientação da trajetória e o sinal negativo em caso contrário. Como o sentido da força imprimida coincide com o sentido da deformação, basta simplesmente verificar o sentido deste último. Entretanto, existem situações em que, no instante em que se iniciou a deformação, o sistema não se encontrava exatamente na ausência dessa força, mas sim apresentava uma intensidade de força imprimida e que de certa forma provocava a deformação já presente no corpo dinamoscópico.

Assim sendo, diz-se que a maneira pela qual a intensidade da força imprimida varia em função do tempo constitui a lei do fluxo dinamoscópico; então, obviamente a intensidade da força imprimida no corpo dinamoscópico por intermédio de um movimento qualquer é uma função do tempo.

$$F = f(t)$$

A referida equação permite determinar a intensidade da força imprimida no processamento da deformação do corpo dinamoscópico, em relação a uma origem (0) em cada instante de tempo.

6. Fluxo Dinamoscópico – Lei

Quando se imprime uma força em um corpo dinamoscópico qualquer; essa aplicação pode ser realizada de maneira uniforme ou variada, dependendo exclusivamente do tipo de movimento pelo qual é feito a aplicação dessa força.

Essa aplicação caracteriza-se principalmente pela deformação uniforme ou variada que o corpo dinamoscópico sofre com o decorrer do tempo.

Para um início de estudo, vou estabelecer apenas a análise do fenômeno relacionado com as deformações uniformes, oriunda do movimento uniforme.

Vou agora supor que a força imprimida no corpo dinamoscópico varia de acordo com o movimento uniforme aplicado.

Diz-se ainda que o movimento, originado no corpo que está sendo deformado pela força impressa é uniforme quando a relação existente entre a intensidade da força imprimida na deformação e os tempos correspondentes para imprimi-la for constante. Costuma-se também afirmar, de outra maneira, que as intensidades de força imprimidas nas deformações dos corpos dinamoscópicos são diretamente proporcionais ao tempo.

A grandeza que mede a variação da intensidade de força imprimida na deformação denomina-se fluxo dinamoscópico. E no movimento uniforme esse fluxo é demonstrado da seguinte maneira.

Considere um corpo dinamoscópico sendo deformado, e que o movimento resultante da deformação seja perfeitamente uniforme.

Com o decorrer do tempo esse corpo dinamoscópico é deformado cada vez mais; e, portanto, com o decorrer do tempo a força imprimida no corpo dinamoscópico é cada vez maior. Porém, como no momento uniforme, o sistema dinamoscópico em intervalos de tempos iguais sofre deformações iguais, e por estas serem iguais, as intensidades de forças que provocam as referidas deformações também são iguais. Como as deformações são iguais em intervalos de tempos iguais, conclui-se que as forças imprimidas na deformação do sistema dinamoscópico são também iguais em intervalos de tempos iguais, pois seja qual for a intensidade elástica de um determinado corpo dinamoscópico, ela permanece absoluta.

Desse modo, define-se o fluxo dinamoscópico médio, no intervalo de tempo, (t + Δt), o quociente:

$$\phi_m = \Delta F/\Delta t$$

Ou seja, o fluxo dinamoscópico médio é igual ao quociente da força imprimida na deformação por intermédio de um movimento uniforme, e inverso pela variação de tempo correspondente às respectivas intensidades de forças imprimidas nos corpo dinamoscópico.

Quando o fluxo varia com o tempo, define-se o fluxo dinamoscópico, em um instante t, o limite para o qual tende o fluxo médio, quando o intervalo de tempo Δt tende a zero.

O referido enunciado é expresso simbolicamente por:

$$\phi = \lim_{\Delta t \to 0} \Delta F/\Delta t$$

Desse modo, dentro dos moldes do movimento uniforme, denomina-se fluxo dinamoscópico contínuo, todo fluxo de força imprimida de sentido e intensidade fluxal constante com o tempo. Neste caso o fluxo dinamoscópico médio (ϕ_m) da força imprimida em qualquer intervalo de tempo (Δt) é o mesmo e, portanto igual ao fluxo dinamoscópico em qualquer instante (t).

$$\phi_m = \phi$$

Isso, portanto, vem mostrar que a mesma constante que é o fluxo dinamoscópico médio em qualquer trecho da deformação é também o fluxo dinamoscópico instantâneo em qualquer instante. Costumo afirmar que essa constante é a característica que define a deformação uniforme, ocasionada pelo movimento uniforme.

Dessa forma afirma-se que um corpo dinamoscópico sofre uma deformação qualquer por intermédio de uma força uniforme, quando o fluxo dinamoscópico se mantém constante durante todo o intervalo da deformação.

A seguinte figura mostra o gráfico deste fluxo dinamoscópico em função do tempo. Este é o caso mais simples de fluxo dinamoscópico, com o qual relacionei com os postulados das deformações uniforme.

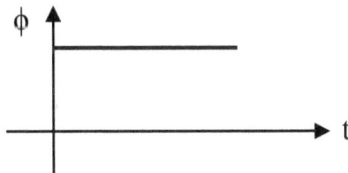

O gráfico mostra que o fluxo da força imprimida é constante com o tempo.

Além do fluxo dinamoscópico contínuo é importante estudar o fluxo dinamoscópico variado, oriundo de um movimento variado.

7. Unidades de Fluxo Dinamoscópico

Espero que no sistema internacional, a unidade de fluxo dinamoscópico seja o (N/s), definido como o fluxo dinamoscópico de um sistema em estado de deformação que, animado de movimento uniforme, sofre a ação de uma força de intensidade igual a (1N) em cada segundo.

Analogamente, considerando outros sistemas, tem-se:

a) CGS → $\phi = 1$ d/s

b) MK*S → $\phi = 1$ Kgf/s

c) MTS → $\phi = 1$ N/s

Relação entre as duas principais unidades do Sistema Internacional:

$$1 \text{ N/s} = 10^5 \text{ d/s}$$

Dessa forma verifica-se que as unidades de fluxo dinamoscópico são tiradas da própria fórmula de definição.

Assim, pode-se afirmar que a unidade de fluxo dinamoscópico é igual à unidade de força dividida por uma unidade de tempo.

Como se sabe, para unidades de força, tem-se o Newton, a dina, o quilograma-força e outras. Para unidades de tempo, tem-se a hora, o minuto, o segundo e outras.

8. Escólio Para o Fluxo Dinamoscópico

Em toda deformação existe a presença de movimento das partes deformadas. E em todo movimento de um sistema dinamoscópico em estado de deformação, aparece uma grandeza que se encontra sempre presente; o fluxo dinamoscópico.

Assim, numa deformação qualquer em um dado instante, o fluxo dinamoscópico pode apresentar-se em uma intensidade de 5N/s.

Isso quer dizer que, se o fluxo dinamoscópico de 5N/s permanecesse constante, durante um segundo, a intensidade da força imprimida no corpo dinamoscópico seria exatamente igual a cinco Newtons.

Em outro exemplo, considere uma deformação que, ao iniciar, ela é deformada lentamente. Num intervalo de tempo de, por exemplo, um segundo, a intensidade da força imprimida varia pouco. Diz-se que seu fluxo dinamoscópico apresenta uma pequena intensidade, algum tempo depois, no mesmo intervalo de tempo a intensidade da força imprimida já é maior: diz-se que seu fluxo dinamoscópico, agora apresenta uma intensidade maior. Continuando esse raciocínio, pode-se afirmar que quanto maior for ia intensidade da força imprimida, maior será o fluxo dinamoscópico do sistema. Assim, pode-se definir a seguinte lei:

"Fluxo dinamoscópico é a grandeza associada à força imprimida que mede a variação dessa intensidade de força na passagem do tempo".

Existe fluxo dinamoscópico, sempre que variar a intensidade de força imprimida em um corpo dinamoscópico, seja aumentando ou diminuindo.

Em um novo exemplo, considere um corpo dinamoscópico, representado pela figura que se segue, deformando-se em relação ao referencial dinamoscópico. Admita ainda, que sofra a deformação AB = 10 cm, cuja força necessária para provocar tal deformação apresenta uma intensidade igual a 20N, em quatro segundos, a intensidade da força imprimida para provocar a referida deformação dividida pelo tempo caracteriza o que denominei por fluxo dinamoscópico médio do sistema.

$$\phi_m = 20N/4s = 5N/s$$

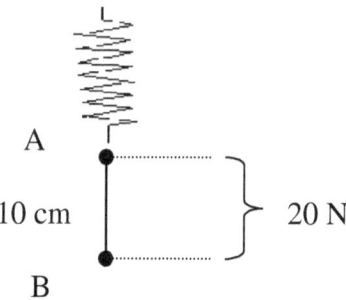

Caso o referido corpo dinamoscópico realizasse deformação em apenas dois segundos, teria o fluxo dinamoscópico médio de intensidade igual ao dobro do anterior e, portanto seria maior.

Em qualquer deformação perfeitamente elástica, associa-se a grandeza chamada por fluxo dinamoscópico, para medir a variação da intensidade de força imprimida no intervalo de tempo.

Passarei a estudar o fluxo dinamoscópico médio, definido num intervalo de tempo, utilizando para isso símbolos e expressões matemáticas.

Vou indicar por (F) a intensidade de força imprimida no sistema p, medida a partir de um ponto o inicial (também chamado origem da deformação) na deformação, num determinado referencial (figura I). No instante (t_1); a intensidade de fora impresso é (F_1), e no instante posterior (t_2), a intensidade da força imprimida no sistema é (F_2) (figura II). No intervalo de tempo ($\Delta t = t_2 - t_1$), a variação da intensidade de força imprimida no sistema p é expressa por: ($\Delta F = F_2 - F_1$).

(I)

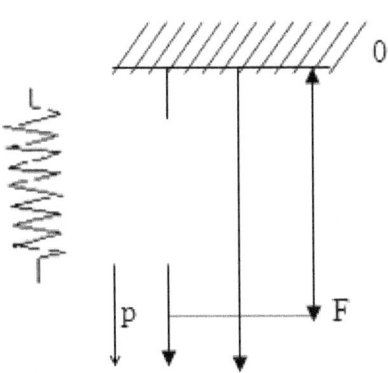

(II)

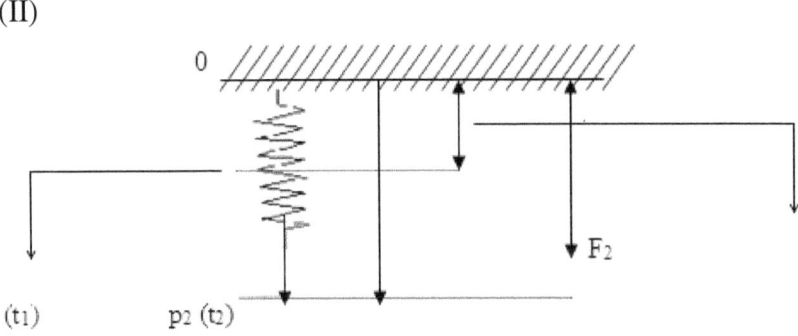

Assim, o fluxo dinamoscópico médio (ϕ_m) no intervalo de tempo (Δt) é o seguinte:

$$\phi_m = \Delta F/\Delta t = F_2 - F_1/t_2 - t_1$$

Sabe-se que o fluxo dinamoscópico médio é expresso em unidades de força (ΔF: N; d; Kgf) por unidade de tempo (Δt: h; min; s).

9. Sinais do Fluxo Dinamoscópico

Observe que na definição de fluxo dinamoscópico médio que a variação de tempo (Δt) é sempre positiva, pois é a diferença entre o tempo posterior (t_2) e o tempo anterior (t_1). Já a intensidade de força imprimida ($\Delta F = F_2 - F_1$) pode ser positiva, se ($F_2 > F_1$) como, por exemplo, na restituição; e negativa, se ($F_2 < F_1$) e, eventualmente nula, quando o sistema retorna a sua posição inicial ($F_2 = F_1$). O sinal de (ΔF) determina o sinal do fluxo médio.

Fixada a origem (0), para uma dada deformação, o fluxo dinamoscópico será expresso por um valor maior que zero ($\phi > 0$) se o sistema se deslocar no mesmo sentido fixado como orientação da deformação. Por outro lado, o fluxo dinamoscópico será expresso por um valor menor que zero ($\phi < 0$) se ocorrer o contrário, isto é, o sistema se deforma em sentido contrário ao fixado como orientação para a deformação do sistema.

10. Classificação da Deformação Cinelástica

Em qualquer intervalo de tempo o fluxo dinamoscópico médio é absolutamente igual, pois o sistema é impresso por intensidade de forças iguais em intervalos de tempos iguais.

O sinal atribuído ao fluxo dinamoscópico indica apenas o sentido da deformação do sistema.

Na fase de deformação ocorre o que tenho chamado por fluxo dinamoscópico. Já na fase de restituição ocorre aquilo que denominei por refluxo dinamoscópico.

a) Um fluxo dinamoscópico positivo ($\phi > 0$) como foi visto, indica que o sistema está sendo impresso por uma intensidade de força a favor da orientação positiva da trajetória, sua força imprimida crescem algebricamente no decurso do tempo e o movimento resultante da deformação nessas condições é denominado por progressivo.

b) Um fluxo dinamoscópico negativo ($\phi < 0$) como foi visto, indica que o sistema está sendo impresso por uma intensidade de força que se opõe à orientação positiva da trajetória, sua força decresce algebricamente no decurso do tempo e o movimento resultante da deformação do sistema é denominado por retrógrado.

11. Equação da Força Imprimida no Sistema

Um sistema dinamoscópico se encontra em estado de deformação uniforme quando seu fluxo dinamoscópico escalar se mantém constante durante todo o estado da deformação.

Sempre que o sistema for impresso por intensidades iguais de forças em intervalos de tempos iguais, o seu fluxo dinamoscópico em qualquer intervalo de tempo apresenta sempre o mesmo valor; quando isso ocorre diz-se que o fluxo dinamoscópico é constante no decorrer do tempo. Portanto, toda deformação resultante de um fluxo dinamoscópico constante, apresenta uma deformação uniforme, e logicamente possui movimento uniforme.

Desse modo, podem-se concluir os seguintes postulados:

a) Em qualquer estágio da deformação, o fluxo dinamoscópico médio do sistema é o mesmo;

b) Em qualquer trecho, o fluxo dinamoscópico escalar instantâneo do sistema é o mesmo e ainda igual ao seu fluxo dinamoscópico escalar médio em qualquer estágio da deformação;

c) O sistema é impresso por intensidade de forças iguais em intervalos de tempos iguais.

Estudarei então, a deformação uniforme caracterizada pelo fluxo dinamoscópico considerando para tanto um sistema dinamoscópico qualquer.

Suponha-se que a intensidade de força imprimida no sistema seja: (F_0; F_1; F_2...; F_{n-1}); (F_n) nos respectivos instantes (0; t_1; t_2; ...; t_{n-1}, t_n).

Um detalhe importante é que a intensidade de força imprimida no sistema (F_0) no instante origem da cronometragem do tempo (t = 0) é genérica e, portanto, não precisa necessariamente ser igual à zero. Em outras palavras, ao se iniciar a cronometragem do tempo, o sistema poderá estar ou não dotado de uma força. Costumo designar essa intensidade de força como a inicial da deformação. Logo a intensidade de força inicial (F_0) é a intensidade de força que o sistema apresenta no instante (t = 0).

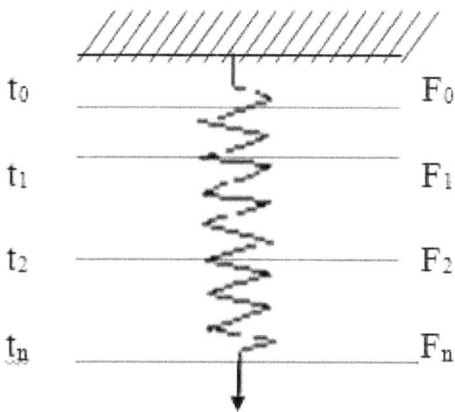

$F_1 - F_0/t_1 - t_0 = F_2 - F_1/t_2 - t_1 = ... = F_n - F_{n-1}/t_n - t_{n-1}$ = constante

Essa constante de proporcionalidade é o próprio fluxo dinamoscópico escalar da deformação. Tomando os instantes (t = 0) e (t = t_n), observa-se que nesse intervalo a intensidade de força imprimida no processamento da deformação do sistema varia de (F_0) à (F_n). Portanto, o fluxo dinamoscópico escalar vale em tal intervalo:

$$\phi = F_n - F_0/t_n - 0 = F_n - F_0/t_n \Rightarrow F_n - F_0 = \phi \cdot t_n$$

Portanto resulta que:

$$F_n = F_0 + \phi \cdot t_n$$

Como o índice "n" é genérico, pode-se suprimi-lo, escrevendo então:

$$F = F_0 + \phi \cdot t$$

A referida expressão traduz a equação da força imprimida em um sistema dinamoscópico em estado de deformação uniforme, a qual permite obter para cada instante de tempo a intensidade da força escalar instantânea imprimida no sistema dinamoscópico.

A expressão ($F = F_0 + \phi \cdot t$), caracteriza a deformação uniforme; a cada valor de (t) obtém-se, em correspondência, um valor para (F). Essa expressão é a função horária da deformação uniforme.

$$\text{Deformação uniforme } F = F_0 + \phi \cdot t$$

$$\phi = \text{constante}$$

Na referida expressão as grandezas (F_0) e (ϕ) são absolutamente constantes com o tempo. A grandeza representada simbolicamente pela letra (ϕ) é o fluxo dinamoscópico da deformação; quando ($\phi > 0$) o movimento da deformação é progressivo, e quando ($\phi < 0$) o movimento da deformação é retrógrado.

Essa função horária descreve a intensidade de força imprimida no sistema dinamoscópico através de uma deformação uniforme, fornecendo matematicamente como a força imprimida varia com o tempo.

Torno a afirmar que toda vez que se fornece uma função horária, deve-se procurar indicar as unidades. Se a Força estiver em Newton (N) e o tempo (t) em segundos (s) a unidade de fluxo dinamoscópico (ϕ) será expressa por N/s; se a intensidade de força estiver em dinas (d) e o tempo em horas (h) a unidade de fluxo dinamoscópico será expressa por (d/h); e assim por diante.

12. Fluxo Dinamoscópico Instantâneo

Considere a deformação de um sistema dinamoscópico qualquer. Seja (F_1) a intensidade de força imprimida no sistema, no instante (t_1); e (F_2) a intensidade de força imprimida no instante (t_2), um pouco depois. A variação da intensidade de força imprimida no sistema dinamoscópico ($\Delta F = F_2 - F_1$), pela variação do intervalo de tempo correspondente ($\Delta t = t_2 - t_1$), define o fluxo dinamoscópico médio ($\phi_m = \Delta F / \Delta t$).

Para determinar o fluxo dinamoscópico instantâneo na intensidade de força imprimida (F_1) pode-se escolher a força (F_2) de intensidade cada vez mais próxima de (F_1) e calcular os quocientes ($\Delta F / \Delta t$).

À medida que a força (F_2) fica cada vez mais próxima da força (F_1) diminui a variação da intensidade da força imprimida ($\Delta F = F_2 - F_1$) e a variação do intervalo de tempo ($\Delta t = t_2 - t_1$).

Quando o instante (t_2) tende ao instante (t_1), a variação da intensidade da força imprimida (ΔF) é extremamente pequeno, e o mesmo ocorre com a variação do intervalo de tempo (Δt).

Porém, o quociente ($\Delta F / \Delta t$) não é necessariamente pequeno, assumindo um determinado valor limite. Esse valor limite de ($\Delta F / \Delta t$), calculado quando é extremamente pequeno é o fluxo dinamoscópico instantâneo no estágio da intensidade de força (F_1) ou o fluxo dinamoscópico do sistema no instante (t_1).

Dessa forma chega-se a definição de fluxo dinamoscópico instantâneo.

O fluxo dinamoscópico (ϕ) no instante (t) é o valor limite a qual tende ($\Delta F / \Delta t$) quando (Δt) tende a zero. Representa-se por:

$$\phi = \lim_{\Delta t \to 0} \Delta F/\Delta t$$

A indicação "lim" da expressão anterior deve ser lida por "limite de" e representa uma operação de cálculo de nível superior. Essa operação de limite não é algo ligado à natureza dos fenômenos em si, mas um processo matemático de se definir uma grandeza, no caso o fluxo dinamoscópico instantâneo.

CAPÍTULO III
Gráficos e Potência

1. Introdução

    Pretende-se representar graficamente as diversas intensidades de forças imprimidas a um sistema dinamoscópico em estado de deformação uniforme. Tal deformação tem como equação horária ($F = F_0 + \phi \cdot t$); esta possui a forma de uma equação do primeiro grau ou equação linear, do tipo ($Y = A + B \cdot X$), que apresenta como gráfico uma reta. Adotarei então os eixos cartesianos (X e y), tomando em seus lugares, respectivamente, (t e F), onde o tempo é o domínio e a força é a imagem.

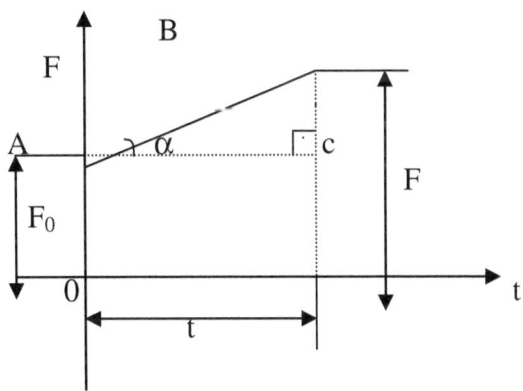

    Considerando o triângulo retângulo ABC, tem-se:

$$\text{Tg}\alpha = \overline{BC} / \overline{AC} \underset{=}{N} F - F_0/t - 0 = \phi$$

    Portanto, conclui-se que:

$$Tg\alpha = \underline{\underline{N}} \; \phi$$

Isto significa que a tangente trigonométrica do ângulo definido entre a reta das intensidades de forças imprimidas e o eixo dos tempos, fornece numericamente o fluxo dinamoscópico. Ou seja, a tangente trigonométrica do ângulo é numericamente igual ao fluxo dinamoscópico médio da deformação uniforme.

2. Diagrama do Fluxo Dinamoscópico

É o diagrama que representa o fluxo dinamoscópico do sistema em cada instante. Como esse fluxo dinamoscópico se mantém constante durante todo o estágio da deformação uniforme, o gráfico representativo será evidentemente dado por uma reta paralela ao eixo dos tempos.

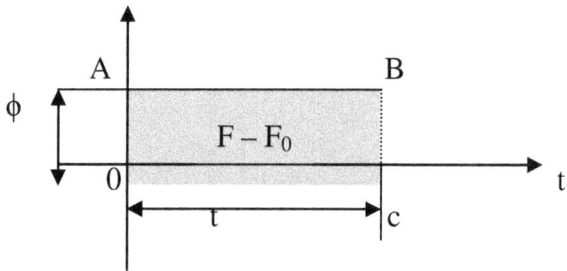

Observa-se então o retângulo definido pelos pontos (0, A, B, C). Sua área será dada por:

Área = base . altura

Área = $(\overline{OC}) \cdot (\overline{BC}) \equiv t \cdot \phi = \phi \cdot t$

Lembre-se que a equação do fluxo dinamoscópico é expressa pela seguinte relação:

$$F = F_0 + \phi \cdot t$$

Isto implica que:

$$F - F_0 = \phi \cdot t = \Delta F$$

Isto permite concluir que a área do retângulo fornece numericamente a variação da intensidade de força imprimida (ΔF) no sistema.

$$\text{Área} \equiv \Delta F$$

$$A \underset{=}{N} \Delta F$$

Desse modo, a área descrita em um gráfico é numericamente igual à variação da intensidade de força imprimida no sistema.

Assim, por conclusão, sempre que se desejar obter a intensidade de força imprimida no sistema de fato aplicado ao corpo dinamoscópico em estado de deformação uniforme bastará calcular a área do retângulo, cuja base representa o intervalo de tempo considerado e cuja altura (A), representa o fluxo dinamoscópico apresentado pelo sistema.

3. Diagrama da Fluxão Dinamoscópica

Como o fluxo dinamoscópico se mantém constante em todo estado da deformação, obviamente não existe variação de fluxo dinamoscópico, em qualquer intervalo de tempo considerado, o que implica dizer que a fluxão dinamoscópica (δ) escalar média é nulo. Consequentemente, como ($\delta = 0$), o gráfico será então representado por uma reta coincidente com o eixo dos tempos.

Os gráficos da deformação uniforme podem apresentar os seguintes aspectos, de acordo com a classificação do movimento do sistema dinamoscópico.

I – Deformação com Movimento Progressivo

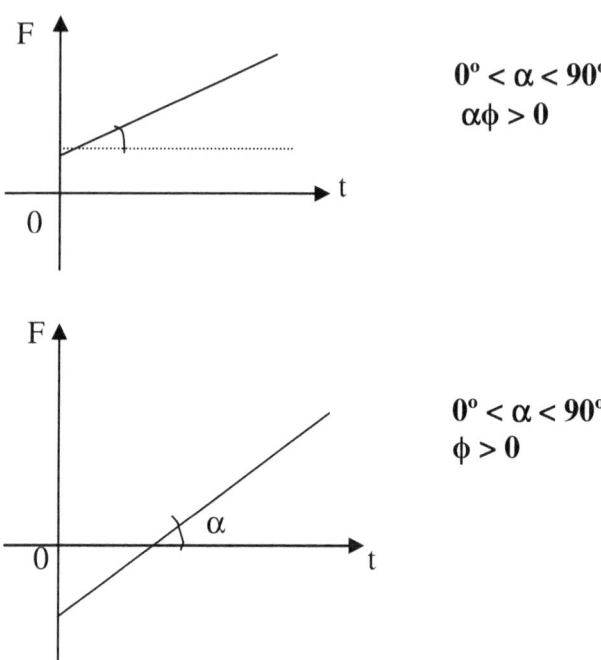

II – Deformação com Movimento Retrógrado

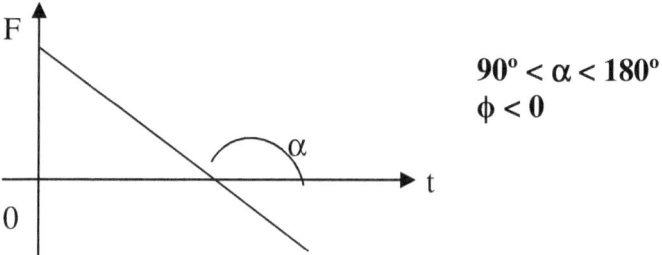

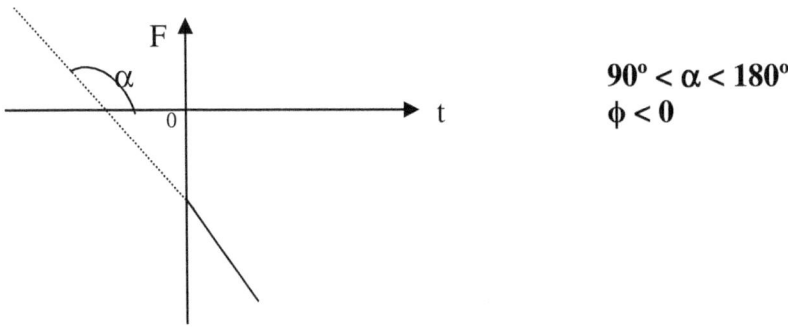

É extremamente importante observar que se mede o ângulo (α) sempre a partir do eixo horizontal, no sentido anti-horário.

4. Relação Entre a Velocidade Dinamoscópica e o Fluxo Dinamoscópico

Postulado I

Sabe-se que na deformação uniforme, a velocidade dinamoscópica dessa deformação é igual ao quociente da variação da deformação, inversa pela variação do tempo decorrido no processamento da deformação do sistema.
Simbolicamente, o referido enunciado é expresso pela seguinte relação:

$$\Delta V = \Delta L / \Delta t$$

Postulado II

Sabe-se que na deformação uniforme, o fluxo dinamoscópico imprimido nessa deformação é igual ao quociente da variação da intensidade da força imprimida por intermédio de um movimento uniforme, inverso pela variação de tempo decorrido na deformação do sistema dinamoscópico.

O referido enunciado é expresso simbolicamente pela seguinte relação matemática:

$$\Delta\phi = \Delta F/\Delta t$$

Postulado Conclusivo

A razão existente entre o fluxo dinamoscópico e a velocidade dinamoscópica, resulta na seguinte relação:

$$\Delta\phi/\Delta V = (\Delta F/\Delta t) / (\Delta L/\Delta t)$$

Sabe-se pela matemática que o produto dos meios é igual ao produto dos extremos, então se obtém a seguinte expressão:

$$\Delta\phi/\Delta V = \Delta F \cdot \Delta t/\Delta L \cdot \Delta t$$

Eliminando os termos em evidência, resulta que:

$$\Delta\phi/\Delta V = \Delta F/\Delta L$$

Portanto uma lei resultante implica que a razão entre o fluxo dinamoscópico e a velocidade dinamoscópica é igual à variação da intensidade de força imprimida no sistema inversa pela variação da deformação provocada pela referida força.

5. Intensidade Elástica em Cinelástica

Postulado I

Sabe-se que a intensidade elástica é igual ao quociente da variação da deformação sofrida pelo sistema, inversa pela variação da intensidade de força imprimida nessa deformação.

Simbolicamente, o referido enunciado é expresso pela seguinte relação:

$$i = \Delta L / \Delta F$$

Postulado II

Um sistema dinamoscópico deformado por intermédio de uma deformação uniforme apresenta uma variação de deformação igual ao produto entre a velocidade dinamoscópica pela variação de tempo decorrido na deformação do sistema.
Simbolicamente, o referido enunciado é expresso por:

$$\Delta L = V \cdot \Delta t$$

Postulado III

No mesmo sistema dinamoscópico, a variação da intensidade de força imprimida durante todo o processamento da deformação é igual ao produto entre o fluxo dinamoscópico pela variação de tempo decorrido na deformação do sistema dinamoscópico.
O referido enunciado é expresso simbolicamente por:

$$\Delta F = \phi \cdot \Delta t$$

Postulado Conclusivo

Substituindo convenientemente as duas últimas leis na expressão que define a intensidade elástica, obtém-se:

$$i = \Delta L / \Delta F$$

Como

$$\Delta L = V \cdot \Delta t$$

$$\Delta F = \phi \cdot \Delta t$$

Que substituindo resulta que:

$$i = V \cdot \Delta t / \phi \cdot \Delta t$$

Eliminando os termos em evidência, resulta na seguinte expressão:

$$i = V / \phi$$

Logo uma lei oriunda das referidas demonstrações implica que a intensidade elástica é igual ao quociente da velocidade dinamoscópica da deformação uniforme, inversa pelo fluxo dinamoscópico da referida deformação.

Sabe-se que a intensidade elástica mede a elasticidade de um corpo dinamoscópico, e, portanto é uma característica do referido corpo. Desse modo, se a velocidade for duplicada, triplicada, etc. O fluxo dinamoscópico também sofrerá uma duplicação, uma triplicação e assim, sucessivamente, no mesmo intervalo de tempo, o que mantém a intensidade elástica constante.

6. Energia e Potência Dinamoscópica

Considere dois pontos (A) e (B) de um trecho do sistema, onde se encontra um fluxo dinamoscópico (ϕ). Sejam (L_A) e (L_B) as respectivas deformações dinamoscópicas destes pontos, e chamarei por ($\Delta L = L_B - L_A$), a variação de deformação entre os referidos pontos. A deformação do sistema só será possível, se for mantido uma intensidade de força variável entre os pontos (A) e (B). Pode-se, então, considerar a variação da intensidade de força como a causa da variação da deformação do sistema. Pode-se mesmo chegar a afirmar que uma deformação variável é equivalente, nos seus efeitos, a uma força variável e, inversamente, uma intensidade de força variável é equivalente, nos seus efeitos, a uma deformação variável.

Chamarei por (ΔF) a força que, no intervalo de tempo (Δt) é impressa nesse trecho. No ponto (A), a intensidade de força tem energia potencial dinamoscópica ($E_{pA} = \Delta F \cdot L_A/2$) e, ao chegar em (B), ela tem energia potencial dinamoscópica ($E_{pB} = \Delta F \cdot L_B/2$). Dessa forma, quando a intensidade de força imprimida no trecho (AB), a energia das forças dinamoscópicas é dada por:

$$E_{AB} = \Delta F \cdot \Delta L/2 = \Delta F/2 \cdot (L_B - L_A) = \frac{1}{2} \cdot \Delta F \cdot L_B - \frac{1}{2} \cdot \Delta F \cdot L_A$$

Como:

$$E_{PA} = \Delta F \cdot L_A/2$$

$$E_{PB} = \Delta F \cdot L_B/2$$

Tem-se que:

$$E_{AB} = E_{PB} - E_{PA}$$

A potência dinamoscópica, no processamento da deformação, é expressa pela seguinte expressão:

$$p = E/\Delta t$$

Ou seja, a potência dinamoscópica é igual ao quociente da energia elástica, inversa pela variação de tempo.

Portanto, substituindo a expressão da energia dinamoscópica, vem que:

$$p = \Delta F \cdot \Delta L/2\Delta t$$

Sabe-se que o fluxo dinamoscópico é igual ao quociente da variação da força, inversa pela variação de tempo decorrido no processamento da deformação.
Simbolicamente, o referido enunciado é expresso por:

$$\phi = \Delta F / \Delta t$$

Portanto, tem-se que:

$$p = \frac{1}{2} \cdot \phi \cdot \Delta L$$

Portanto, a potência de um sistema dinamoscópico é igual à metade do fluxo dinamoscópico em produto com a variação de deformação.

7. Potência em Função da Velocidade Dinamoscópica

Verificou-se que a potência dinamoscópica de um corpo ou sistema é igual à metade do fluxo dinamoscópico multiplicado pela variação da deformação.
O referido enunciado é expresso simbolicamente por:

$$p = \frac{1}{2} \cdot \phi \cdot \Delta L$$

Sabe-se que a variação da deformação de um corpo ou sistema dinamoscópica é igual a intensidade elástica multiplicada pela variação da intensidade de força imprimida.
Simbolicamente, o referido enunciado é expresso por:

$$\Delta L = i \cdot \Delta F$$

Portanto, substituindo convenientemente as duas últimas expressões, obtém-se:

$$p = \frac{1}{2} \cdot \phi \cdot i \cdot \Delta F$$

Porém, verificou-se que a velocidade dinamoscópica é igual à intensidade elástica multiplicada pelo fluxo dinamoscópico.

O referido enunciado é expresso simbolicamente por:

$$V = \phi \cdot i$$

Que substituindo convenientemente na última expressão, resulta que:

$$p = \frac{1}{2} \cdot V \cdot \Delta F$$

Logo se pode concluir que a potência dinamoscópica é igual à metade da velocidade dinamoscópica em produto com a variação da intensidade de força.

8. Potência em Função do Tempo

Verificou-se que a variação da intensidade de força imprimida em um corpo ou sistema dinamoscópico é igual ao fluxo dinamoscópico em produto com a variação de tempo.
Simbolicamente, o referido enunciado é expresso por:

$$\Delta F = \phi \cdot \Delta t$$

Sabe-se que a variação de deformação de um corpo ou sistema dinamoscópico é igual à velocidade dinamoscópica multiplicada pela variação de tempo decorrido no processamento da deformação.

$$\Delta L = V \cdot \Delta t$$

Cheguei a demonstrar que a energia potencial dinamoscópica é igual à metade da variação da intensidade de força em produto com a variação da deformação.

O referido enunciado é expresso simbolicamente pela seguinte expressão:

$$E = \Delta F \cdot \Delta L/2$$

Então, substituindo convenientemente as duas primeiras expressões na última, resulta que:

$$E = \tfrac{1}{2} \cdot \phi \cdot \Delta t \cdot V \cdot \Delta t$$

Portanto, resulta que:

$$E = \tfrac{1}{2} \cdot \phi \cdot V \cdot \Delta t^2$$

Desse modo, conclui-se que a energia potencial dinamoscópica é igual à metade do fluxo dinamoscópico multiplicado pela velocidade dinamoscópica que por sua vez é multiplicada pelo quadrado da variação de tempo decorrido no processamento da deformação.

Verificou-se que a potência dinamoscópica é igual ao quociente da energia dinamoscópica inversa pela variação de tempo.

Simbolicamente, o referido enunciado é expresso por:

$$p = E/\Delta t$$

Portanto, substituindo convenientemente as duas últimas expressões, resulta que:

$$p = \tfrac{1}{2} \cdot \phi \cdot V \cdot \Delta t^2/\Delta t$$

Eliminando os termos em evidência, resulta que:

$$p = \frac{1}{2} \cdot \phi \cdot \Delta t$$

Logo, conclui-se que a potência dinamoscópica é igual à metade do fluxo dinamoscópico multiplicado pela velocidade dinamoscópica em produto com a variação de tempo decorrido no processamento da deformação do corpo ou sistema dinamoscópico.

9. Energia, Potência e Fluxo Dinamoscópico

Verificou-se em capítulos anteriores que a energia dinamoscópica de um sistema ou corpo é igual à metade da intensidade elástica multiplicada pelo quadrado da variação da intensidade de força.
O referido enunciado é expresso simbolicamente por:

$$E = \frac{1}{2} \cdot i \cdot \Delta F^2$$

Sabe-se que a intensidade elástica de um corpo ou sistema dinamoscópico é igual ao quociente da velocidade dinamoscópica inversa pelo fluxo dinamoscópico.
Simbolicamente, o referido enunciado é expresso por:

$$i = V/\phi$$

Que substituindo convenientemente na última expressão, resulta que:

$$E = \frac{1}{2} \cdot V \cdot \Delta F^2/\phi$$

Logo, conclui-se que a energia dinamoscópica é igual ao quociente da velocidade dinamoscópica, multiplicada pelo quadrado da variação da intensidade de força e inversa pelo dobro do fluxo dinamoscópico.

Verificou-se que a potencia dinamoscópica de um corpo ou sistema é igual à energia dinamoscópica, inversa pela variação de tempo.

O referido enunciado é expresso simbolicamente por:

$$p = E/\Delta t$$

Portanto, substituindo convenientemente na última expressão, o referido enunciado, resulta que:

$$p = \frac{1}{2} \cdot V \cdot \Delta F^2/\phi \cdot \Delta t$$

Desse modo, conclui-se que a potência de um sistema ou corpo dinamoscópico é igual ao quociente da velocidade dinamoscópica multiplicada pelo quadrado da variação da intensidade de força, inversa pelo dobro do fluxo dinamoscópico em produto com a variação de tempo decorrido no processamento da deformação do corpo ou sistema dinamoscópico.

10. Energia e Potência em Função do Fluxo e Tempo

Sabe-se que a energia potencial dinamoscópica é igual à metade da intensidade elástica em produto com o quadrado da variação da intensidade de força.
Simbolicamente o referido enunciado é expresso por:

$$E = \frac{1}{2} \cdot i \cdot \Delta F^2$$

Sabe-se que a variação da intensidade de força ao quadrado é igual ao quadrado do fluxo dinamoscópico em produto com o quadrado da variação de tempo.
O referido enunciado é expresso simbolicamente por:

$$\Delta F^2 = \phi^2 \cdot \Delta t^2$$

Substituindo convenientemente as referidas expressões, obtém-se:

$$E = \tfrac{1}{2} \cdot i \cdot \phi^2 \cdot \Delta t^2$$

Logo, conclui-se que a energia dinamoscópica é igual à metade da intensidade elástica multiplicada pelo quadrado do fluxo dinamoscópico em produto com o quadrado da variação de tempo.

Verificou-se que a potência dinamoscópica é igual ao quociente da energia dinamoscópica inversa pela variação de tempo decorrido no processamento da deformação do sistema. O referido enunciado é expresso simbolicamente pela seguinte relação matemática:

$$p = E/\Delta t$$

Portanto, substituindo convenientemente as duas últimas expressões, resulta que:

$$p = \tfrac{1}{2} \cdot i \cdot \phi^2 \cdot \Delta t^2/\Delta t$$

Eliminando os termos em evidência, resulta que:

$$p = \tfrac{1}{2} \cdot i \cdot \phi^2 \cdot \Delta t$$

Logo, conclui-se que a potência dinamoscópica é igual à metade da intensidade elástica em produto com o quadrado do fluxo dinamoscópico multiplicado pela variação de tempo.

11. Energia, Potência e Velocidade Dinamoscópica

Verificou-se que a energia dinamoscópica é igual ao quociente do quadrado da variação de deformação, inversa pelo dobro da intensidade elástica.

O referido enunciado é expresso simbolicamente por:

$$E = \tfrac{1}{2} \cdot \Delta L^2 / i$$

Sabe-se que o quadrado da variação de deformação é igual ao quadrado da velocidade dinamoscópica multiplicada pelo quadrado da variação de tempo.
Simbolicamente, o referido enunciado é expresso por:

$$\Delta L^2 = V^2 \cdot \Delta t^2$$

Substituindo convenientemente as duas expressões, obtém-se que:

$$E = V^2 \cdot \Delta t^2 / 2i$$

Portanto, conclui-se que a energia dinamoscópica é igual ao quociente do quadrado da velocidade dinamoscópica multiplicada pelo quadrado da variação de tempo, inversa pelo dobro da intensidade elástica.

Verificou-se que a potência dinamoscópica de um sistema ou corpo é igual ao quociente da energia potencial dinamoscópica inversa pela variação de tempo decorrido no processamento da deformação.
Simbolicamente, o referido enunciado é expresso por:

$$p = E/\Delta t$$

Substituindo convenientemente na última expressão resulta que:

$$p = V^2 \cdot \Delta t^2 / 2i \cdot \Delta t$$

Eliminando os termos em evidência, resulta que:

$$p = V^2 \cdot \Delta t/2i$$

Logo, conclui-se que a potência dinamoscópica é igual ao quociente do quadrado da velocidade dinamoscópica multiplicado pela variação de tempo, inverso pelo dobro da intensidade elástica.

Sabendo-se que a variação de deformação é igual à velocidade dinamoscópica multiplicada pela variação de tempo.

O referido enunciado é expresso simbolicamente por:

$$\Delta L = V \cdot \Delta t$$

Então, substituindo convenientemente na última expressão, resulta que:

$$p = \Delta L \cdot V/2i$$

Desse modo, conclui-se que a potência dinamoscópica é igual ao quociente da variação da deformação dinamoscópica em produto com a velocidade dinamoscópica, inversa pelo dobro da intensidade elástica.

12. Energia, Potência e Deformação Dinamoscópica

Sabe-se que a energia dinamoscópica é igual ao quociente do quadrado da variação de deformação inversa pelo dobro da intensidade elástica.

Simbolicamente, o referido enunciado é expresso por:

$$E = \Delta L^2/2i$$

Verificou-se que a intensidade elástica é igual ao quociente da velocidade dinamoscópica inversa pelo fluxo dinamoscópico.

O referido enunciado é expresso simbolicamente por:

$$i = V/\phi$$

Que substituindo convenientemente na última expressão resulta que:

$$E = \Delta L^2 \cdot \phi/2V$$

Assim, conclui-se que a energia dinamoscópica é igual ao quociente do quadrado da variação da deformação em produto com o fluxo dinamoscópico, inverso pelo dobro da velocidade dinamoscópica.

Verificou-se que a potência dinamoscópica é igual ao quociente da energia dinamoscópica inversa pela variação de tempo.

O referido enunciado é expresso simbolicamente por:

$$p = E/\Delta t$$

Substituindo convenientemente as duas últimas expressões, obtém-se:

$$p = \Delta L^2 \cdot \phi/2V \cdot \Delta t$$

Portanto, conclui-se que a potência dinamoscópica é igual ao quociente do quadrado da variação de deformação multiplicada pelo fluxo dinamoscópico inverso pelo dobro da velocidade dinamoscópica multiplicada pela variação do tempo.

13. Quantidade Dinamoscópica e Energia

Sabe-se que a quantidade elástica de um corpo ou sistema dinamoscópico é igual ao dobro da energia dinamoscópica do referido corpo ou sistema.

O referido enunciado é expresso simbolicamente por:

$$Q = 2E$$

Sabe-se que a potência dinamoscópica é igual ao quociente da energia dinamoscópica inversa pela variação de tempo. Simbolicamente, o referido enunciado é expresso por:

$$p = E/\Delta t$$

Verificou-se também, que a potência dinamoscópica é igual à metade do fluxo dinamoscópico multiplicado pela variação de deformação.
O referido enunciado é expresso simbolicamente por:

$$p = \frac{1}{2} \cdot \phi \cdot \Delta L$$

Igualando convenientemente as duas últimas expressões, obtém-se:

$$E/\Delta t = \phi \cdot \Delta L/2$$

Portanto, resulta que:

$$2E = \phi \cdot \Delta L \cdot \Delta t$$

Desse modo, comparando o referido enunciado com o primeiro do presente parágrafo, resulta que:

$$Q = \phi \cdot \Delta L \cdot \Delta t$$

Logo, conclui-se que a quantidade elástica de um corpo ou sistema dinamoscópico é igual ao fluxo dinamoscópico em produto com a variação de deformação multiplicado pela variação de tempo.

14. Quantidade Elástica e Velocidade Dinamoscópica

Sabe-se que a potência dinamoscópica é igual à metade da velocidade dinamoscópica multiplicada pela variação da intensidade de força.
Simbolicamente, o referido enunciado é expresso por:

$$p = \frac{1}{2} \cdot V \cdot \Delta F$$

Verificou-se que a potência dinamoscópica é igual ao quociente da energia potencial dinamoscópica, inversa pela variação de tempo decorrido no processamento da deformação do sistema ou corpo dinamoscópico.
O referido enunciado é expresso simbolicamente pela seguinte relação:

$$p = E/\Delta t$$

Igualando convenientemente as duas últimas expressões obtém-se que:

$$E/\Delta t = \frac{1}{2} \cdot V \cdot \Delta F$$

Assim, resulta que:

$$2E = V \cdot \Delta F \cdot \Delta t$$

Sabe-se que a quantidade elástica é igual ao dobro da energia potencial dinamoscópica.
Simbolicamente, o referido enunciado é expresso por:

$$Q = 2E$$

Desse modo, conclui-se que:

$$Q = V \cdot \Delta F \cdot \Delta t$$

Portanto, a quantidade dinamoscópica é igual à velocidade dinamoscópica multiplicada pela variação da intensidade de força em produto com a variação de tempo.

15. Energia Dinamoscópica e Quantidade Elástica

Verificou-se que a energia dinamoscópica é igual à metade do fluxo dinamoscópico multiplicado pela velocidade dinamoscópica em produto com o quadrado da variação de tempo.
Simbolicamente, o referido enunciado é expresso por:

$$E = \tfrac{1}{2} \cdot \phi \cdot V \cdot \Delta t^2$$

Logo, resulta que:

$$2E = \phi \cdot V \cdot \Delta t^2$$

Sabe-se que a quantidade elástica é igual ao dobro da energia potencial dinamoscópica.
O referido enunciado é expresso simbolicamente por:

$$Q = 2E$$

Portanto, conclui-se que:

$$Q = \phi \cdot V \cdot \Delta t^2$$

Desse modo, a quantidade elástica é igual ao fluxo dinamoscópico multiplicado pela velocidade dinamoscópica em produto com o quadrado da variação do tempo decorrido no processamento da deformação.

16. Quantidade Elástica e Fluxo Dinamoscópico

Sabe-se que a energia dinamoscópica é igual ao quociente do quadrado da variação de deformação multiplicada pelo fluxo dinamoscópico, inverso pelo dobro da velocidade dinamoscópica. Simbolicamente, o referido enunciado é expresso por:

$$E = \Delta L^2 \cdot \phi / 2V$$

Desse modo, resulta que:

$$2E = \phi \cdot \Delta L^2 / V$$

Sabe-se que a quantidade elástica é igual ao dobro da energia potência dinamoscópica. O referido enunciado é expresso simbolicamente por:

$$Q = 2E$$

Igualando convenientemente as referidas expressões, obtém-se:

$$Q = \phi \cdot \Delta L^2 / V$$

Portanto, chega-se a conclusão que a quantidade elástica é igual ao quociente do fluxo dinamoscópico multiplicado pelo quadrado da variação da deformação, inversa pela velocidade dinamoscópica.

CAPÍTULO IV
Fenômenos Variados

1. Introdução

No capítulo anterior realizei o estudo dos fenômenos processados pela ação de uma deformação uniforme, o que é verificado pela permanência constante da velocidade dinamoscópica e pela permanência constante do fluxo dinamoscópico imprimido no sistema.

Porém, deformações com velocidade e fluxo dinamoscópico variável no decurso do tempo são muito comuns na natureza. Nessas deformações existe o que tenho chamado por aceleração dinamoscópica e fluxão dinamoscópica e o tipo de movimento resultante pode ser acelerado ou retardado.

Essa deformação é denominada por deformação uniforme variada, é uma deformação particular de velocidade dinamoscópica e de fluxo dinamoscópico variável, sua aceleração dinamoscópica e sua fluxão dinamoscópica permanecem constante com o tempo. Essa deformação será detalhadamente analisada e discutida nesta parte.

Sabe-se que as deformações cinelásticas são classificadas em duas amplas categorias:

a - Deformações uniforme – são aquelas deformações que apresentam velocidade e fluxo dinamoscópico constante com o tempo.

b - Deformações variadas – são aquelas cuja velocidade e o fluxo dinamoscópico varia com o tempo.

As deformações de velocidade e fluxo dinamoscópicos variáveis são as mais comuns na natureza.

Na deformação uniforme, a velocidade dinamoscópica média e o fluxo dinamoscópico médio calculado em qualquer intervalo são sempre os mesmos: nela, a velocidade dinamoscópica média é a própria velocidade dinamoscópica da deformação do sistema e o fluxo dinamoscópico médio é o próprio fluxo dinamoscópico imprimido no sistema. Estes fatos não ocorrem na deformação variada.

2. Aceleração Dinamoscópica

É extremamente comum a velocidade dinamoscópica de um sistema qualquer, variar no decurso do tempo. E sempre que a velocidade dinamoscópica da deformação de um corpo variar no decorrer do tempo diz que o sistema apresenta uma aceleração dinamoscópica.

Desse modo, a aceleração dinamoscópica é a grandeza associada à deformação que mede a variação da velocidade dinamoscópica da deformação do sistema na passagem do tempo. Existe aceleração dinamoscópica sempre que variar a velocidade dinamoscópica da deformação seja aumentando ou diminuindo.

Assim, aceleração dinamoscópica é a grandeza que mede a variação da velocidade dinamoscópica no decorrer do tempo.

Considere um ponto dinamoscópico de um sistema submetido à ação de uma intensidade qualquer de força, então, o sistema sofre uma deformação, verificada por intermédio de sua trajetória, com a seguinte característica: Sua velocidade dinamoscópica escalar instantânea da deformação encontra-se variando em cada instante. Se essa variação se processar de maneira uniforme, o movimento será dito uniformemente variado.

Então, observa-se, nessas condições, que as variações de velocidades dinamoscópica são diretamente proporcionais aos correspondentes intervalos de tempo.

Essa constante de proporcionalidade é a própria aceleração dinamoscópica do sistema.

Desse modo, para definir a aceleração dinamoscópica, considere a deformação de um sistema oriundo de um movimento uniformemente variado. Sejam, então, (V) e (V + ΔV) suas velocidades dinamoscópicas instantâneas nos instantes (t) e (t + Δt), respectivamente. Define-se aceleração dinamoscópica escalar média (α_m) no intervalo de tempo (Δt) pelo seguinte:

$$\alpha_m = \Delta V/\Delta t = V - V_0/t - t_0$$

Assim, aceleração dinamoscópica é igual ao quociente da variação da velocidade dinamoscópica, inversa pela variação de tempo.

3. Função da Deformação Uniformemente Variada

A deformação uniformemente variada é uma deformação na qual a velocidade dinamoscópica do sistema varia uniformemente com o tempo. A aceleração dinamoscópica é medida pela variação da velocidade dinamoscópica no tempo; na deformação uniformemente variada a variação da velocidade dinamoscópica é constante com o tempo, o que significa que na deformação uniformemente variada a aceleração dinamoscópica é absolutamente constante no decorrer do tempo.

Desse modo, um sistema ou corpo dinamoscópico encontra-se submetido à ação de uma força, numa deformação uniformemente variada quando sua aceleração dinamoscópica escalar se mantém constante durante todo o processo de deformação.

Dessa maneira se torna possível estabelecer os seguintes postulados:

a - As variações de velocidades dinamoscópicas são diretamente proporcionais aos intervalos de tempo, isto é, o ponto dinamoscópico deslocando-se provoca uma deformação, cujas variações de velocidades dinamoscópicas apresentam intensidades iguais em intervalos de tempos iguais;

b - Em qualquer trecho do estágio da deformação do sistema dinamoscópico, a aceleração dinamoscópico escalar média do referido sistema é sempre a mesma; ou seja, é constante;

c - Em qualquer ponto da deformação do sistema, a aceleração dinamoscópica escalar instantânea do referido sistema é a mesma e ainda igual à sua aceleração dinamoscópica escalar média em qualquer estágio da deformação.

Suponha-se que as velocidades dinamoscópicas escalares instantâneas de um sistema dinamoscópico qualquer, sejam (V_0, V_1, V_2..., V_{n-1}) e (V_n) nos respectivos instantes (t_0, t_1, t_2..., t_{n-1} e t_n).

Observe que a velocidade dinamoscópica da deformação do sistema (V_0) no instante origem da cronometragem dos instantes ($t = 0$) é genérica e, portanto, não precisa necessariamente ser igual a zero. Em outros termos, ao se iniciar a cronometragem do tempo, o sistema dinamoscópico em estágio de deformação poderá estar ou não dotado de velocidade dinamoscópica. Costuma-se designar essa velocidade dinamoscópica como a inicial da deformação.

Fixando esquematicamente as velocidades dinamoscópicas escalares instantâneas nos devidos instantes da deformação do sistema.

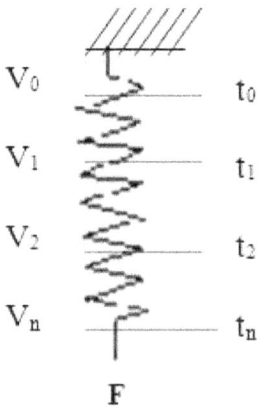

$V_1 - V_0/t_1 - t_0 = V_2 - V_1/t_2 - t_1 = \ldots = V_n - V_{n-1}/t_n - t_{n-1} =$ constante

A referida constante de proporcionalidade é a própria aceleração dinamoscópica escalar da deformação do sistema. Tomando os instantes ($t = 0$) e ($t = t_n$), observe que nesse intervalo a velocidade dinamoscópica da deformação do sistema variou de (V_0) a (V_n). Portanto, a aceleração dinamoscópica escalar vale em tal intervalo:

$$\alpha = V_n - V_0/t_n - 0 = V_n - V_0/t_n$$

Isto implica que:

$$V_n - V_0 = \alpha \cdot t_n$$

Portanto vem que:

$$V_n = V_0 + \alpha \cdot t_n$$

Como o índice (n) é genérico, pode-se suprimi-lo, escrevendo então:

$$V = V_0 + \alpha \cdot t$$

A referida expressão é a equação das velocidades dinamoscópicas numa deformação de um sistema qualquer em estado de deformação uniformemente variado, a qual permite obter para cada instante (t) a velocidade dinamoscópica escalar instantânea (V) do sistema.

4. Fluxão Dinamoscópica

No estudo do fluxo dinamoscópico oriundo do movimento uniforme, verificou-se que o corpo dinamoscópico sofria deformações iguais em intervalos de tempos idênticos, o que possibilitou a definição de velocidade dinamoscópica. Verificou-se ainda, pela lei de Robert Hook, que forças de intensidades iguais provocam deformações iguais. Portanto, as deformações produzidas igualmente no intervalo de tempo são consequências diretas da aplicação de forças de intensidades iguais nos referidos intervalos de tempo; o que possibilitou a definição de fluxo dinamoscópico. Portanto, na deformação uniforme, o sistema é sempre imprimido por intensidades iguais de forças, e, portanto provocam deformações idênticas em intervalos de tempos iguais. O fluxo e a velocidade dinamoscópicas médias em qualquer intervalo de tempo para dada intensidade de movimento tem sempre o mesmo valor; quando esse fenômeno ocorre costumo afirmar que a velocidade dinamoscópica e o fluxo dinamoscópico são constantes no decurso do tempo. Especialmente nesse caso, a deformação é dita uniforme, pois nelas o sistema é impresso por intensidades de forças iguais que provocam deformações iguais em intervalos de tempos iguais.

Já no movimento uniformemente variado, a deformação oriunda desse tipo de movimento é denominada por deformação uniformemente variada. Verifiquei que nesse tipo de deformação a velocidade dinamoscópica varia no decurso do tempo. E se ela varia no decorrer do tempo é porque a intensidade da força imprimida no sistema ou corpo dinamoscópico varia com o intervalo de tempo.

Como a velocidade dinamoscópica varia uniformemente com o decorrer do tempo; então a intensidade de força imprimida no sistema também varia uniformemente com o intervalo de tempo. Pois a velocidade dinamoscópica mede a deformação do sistema em um intervalo de tempo; e sendo essa deformação no intervalo de tempo uma consequência direta da ação da força, inevitavelmente conclui-se que, se a velocidade dinamoscópica varia uniformemente com o tempo é porque a intensidade de força paliçada na referida deformação varia uniformemente com o tempo. Essa intensidade de força medida no intervalo de tempo constitui o que denominei por "fluxo dinamoscópico".

Vou supor, agora, que uma intensidade qualquer de força encontra-se sendo impressa em um sistema dinamoscópico. E que essa mesma força provoque a deformação do sistema, dentro dos moldes do movimento uniformemente variado o que ocasiona por consequência a denominação: deformação uniformemente variada. Esse modelo de deformação apresenta a seguinte característica: sua velocidade dinamoscópica escalar instantânea está variando uniformemente em cada intervalo de tempo, e logicamente, o fluxo dinamoscópico escalar instantâneo encontra-se variando uniformemente em cada instante. E pelo fato dessa variação se processar de maneira uniforme, é que a deformação será dita uniformemente variada.

Então se observa, nessas condições, que as variações de fluxo dinamoscópico são diretamente proporcionais aos correspondentes intervalos de tempo.

Essa constante de proporcionalidade é a própria fluxão dinamoscópica do sistema.

Dessa maneira, para definir a fluxão dinamoscópica, considere que uma intensidade de força encontra-se sendo impressa no sistema de tal maneira que a deformação resultante, seja uniformemente variada. Sejam então (ϕ) e ($\phi + \Delta\phi$) seus fluxos dinamoscópicos instantâneos nos instantes (t) e (t + Δt), respectivamente. Então se define fluxão dinamoscópica escalar média δ_m no intervalo de tempo Δt pelo quociente:

$$\delta_m = \Delta\phi/\Delta t$$

Dessa forma, a fluxão dinamoscópica é igual ao quociente da variação do fluxo dinamoscópico inverso pela variação do tempo decorrido na deformação do sistema ou corpo dinamoscópico.

Quando a fluxão varia com o tempo, define-se a fluxão dinamoscópica, em um intervalo de tempo (t), o limite para o qual tende a fluxão dinamoscópica média, quando o intervalo de tempo (Δt) tende a zero:

$$\delta = \lim_{\Delta t \to 0} \Delta\phi/\Delta t$$

Em qualquer intervalo de tempo que se considere, a fluxão média é sempre constante. Isto se deve ao fato de que a variação de fluxo dinamoscópico ser proporcional ao intervalo de tempo. Esta deformação provocada pela ação de uma intensidade de força variada particular é denominada por deformação uniformemente variada.

Dessa maneira, dentro dos moldes da deformação uniformemente variada, denomina-se fluxão dinamoscópica, toda fluxão de fluxo de sentido e intensidade fluxonal constante com o tempo. Neste caso a fluxão dinamoscópica média do fluxo aplicado em qualquer intervalo de tempo (Δt) é o mesmo e, portanto, igual à fluxão dinamoscópica em qualquer instante.

$$\delta_m = \delta$$

A igualdade vem a mostrar que a mesma constante que é a fluxão dinamoscópica escalar média em qualquer trecho da deformação do sistema é também a fluxão dinamoscópica escalar instantânea em qualquer instante. Geralmente costumo afirmar que essa constante é a característica fundamental que define a deformação uniformemente variada. Desse modo, digo que um sistema dinamoscópico qualquer apresenta deformação uniformemente variada, quando a fluxão dinamoscópica escalar se mantém absolutamente constante durante todo o processamento da deformação.

A seguinte figura mostra o gráfico da referida fluxão dinamoscópica em função do tempo:

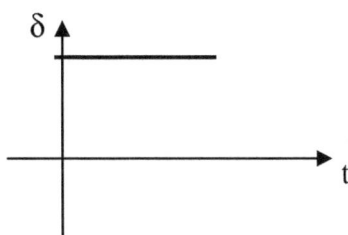

O referido gráfico vem a mostrar que a fluxão do fluxo dinamoscópico imprimido no intervalo de tempo é absolutamente constante com o tempo.

5. Unidades de Fluxão Dinamoscópica

No sistema internacional, a unidade de fluxão dinamoscópica é o N/s^2, definido como o fluxão dinamoscópico de um sistema que se encontra animado por uma deformação uniformemente variada, cujo fluxo varia a razão de 1N por segundo em cada segundo.

Analogamente, para os outros sistemas, tem-se:

a - CGS corresponde a $1d/s^2$

b - MTS corresponde a $1N/s^2$

c - MK*S corresponde a $1Kgf/s^2$

Relação entre as unidades:

$$1 \ N/s^2 = 10^5 \ d/s^2$$

6. Sinais da Fluxão Dinamoscópica

Evidentemente, a fluxão dinamoscópica é uma grandeza algébrica, podendo ser positiva ou negativa, conforme a variação de fluxo dinamoscópico seja positiva ou negativa, já que a variação de tempo é sempre positiva. Na deformação uniforme o fluxo é constante e a fluxão anteriormente definida é nula.

Caso o fluxo dinamoscópico escalar de um sistema esteja aumentando, em valor algébrico, diz-se que a fluxão dinamoscópica escalar será positiva ($\delta > 0$). Caso ela esteja diminuindo, em valor algébrico, diz-se que a fluxão dinamoscópica escalar é negativa ($\delta < 0$).

Sejam então (ϕ_1) e (ϕ_2) os fluxos dinamoscópicos escalares instantâneos nos instantes (t_1) e (t_2). De acordo com a definição de fluxão dinamoscópica escalar tem-se:

$$\delta_m = \phi_2 - \phi_1/t_2 - t_1 = (\phi_2 - \phi_1)/\Delta t$$

Isto implica que:

$$\delta_m = (\phi_2 - \phi_1)/\Delta t$$

O que vem a mostrar que:

$$\phi_2 > \phi_1 \rightarrow \phi_2 - \phi_1 > 0 \Rightarrow \delta_m > 0$$

Pois (Δt), pode ser um intervalo de tempo, é estritamente positivo ($\Delta t > 0$).

$$\phi_2 < \phi_1 \rightarrow \phi_2 - \phi_1 < 0 \Rightarrow \delta_m < 0$$

7. Classificação da Deformação

A classificação das deformações uniformemente variadas tem por base e pedra fundamental a natureza dos movimentos.

Acelerado: O movimento da deformação de um corpo ou sistema dinamoscópico será dito acelerado, quando, com o decorrer do tempo, o sistema for impressa com uma força cada vez mais intensa. Ou seja, o movimento da deformação do sistema é denominado acelerado quando o módulo do fluxo dinamoscópico aumenta no decurso do tempo.

Retardado: O movimento da deformação do sistema será dito retardado, quando, com o decorrer do tempo, o sistema ou corpo dinamoscópico for impresso por uma força de intensidade cada vez menor; caso da restituição. Ou melhor, movimento da deformação do sistema é denominado retardado quando o módulo do fluxo dinamoscópico diminui no decurso do tempo.

O sinal da fluxão depende do sinal da variação do fluxo dinamoscópico ($\Delta\phi$) e, para isso, deve-se convencionar uma orientação da trajetória da deformação. Desse modo, na deformação o movimento o ponto dinamoscópico pode ser progressivo – a favor da trajetória – ou retrógrado – contra a orientação da trajetória. O mesmo ocorre com a deformação processada através de um movimento variado.

8. Deformação com Fluxo Dinamoscópico Positivo

Vou estudar agora o movimento da deformação no qual o fluxo dinamoscópico é positivo ($\phi > 0$). Isto indica que o sentido da intensidade da força imprimida no sistema coincide com o sentido de orientação da trajetória.

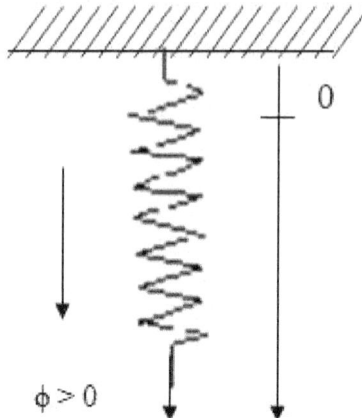

Suponhamos que o movimento da deformação do sistema seja acelerado, isto é, imprimindo forças, em intervalos de tempos iguais, com intensidades cada vez maiores. Desse modo, o módulo do fluxo dinamoscópico aumenta no decurso do tempo. Depreende-se daí que a variação de fluxo dinamoscópico, para cada intervalo de tempo, será positiva ($\Delta\phi > 0$) e, portanto, a fluxão também ($\delta > 0$).

$$\delta = \Delta\phi/\Delta t$$

Onde ($\Delta\phi$) representa a variação do fluxo dinamoscópico dentro de um intervalo de tempo genérico (Δt). Pelo fato de ($\Delta\phi > 0$) e ($\Delta t > 0$) (pois tempo de caráter negativo não tem significado físico), pode-se notar que o quociente ($\Delta\phi \cdot \Delta t^{-1}$) também é maior que zero.

a) $\phi > 0 \Rightarrow \Delta\phi = \phi_2 - \phi_1 > \delta_m = \Delta\phi /\Delta t > 0$

b) $\delta > 0 \Rightarrow \Delta\phi > 0, \Delta t > 0$

O movimento dinamoscópico que apresenta os referido sinais é dito acelerado. Por outro lado, considere agora uma deformação processada através de um movimento retardado, isto é, em intervalos de tempos iguais, imprimem-se forças com intensidades cada vez menores. Depreende-se daí que a variação do fluxo dinamoscópico, para cada intervalo de tempo, será negativa ($\Delta\phi < 0$) e, portanto, a fluxão também ($\delta < 0$).

c) $\phi > 0 \Rightarrow \Delta\phi < 0, \Delta t > 0$

d) $\delta < 0 \Rightarrow \Delta\phi = \phi_2 - \phi_1 < 0, \delta_m = \Delta\phi /\Delta t > 0$

O movimento dinamoscópico que apresenta os referidos sinais é dito retardado.

9. Deformação com Fluxo Dinamoscópico Negativo

Passarei a analisar agora uma deformação na qual o fluxo dinamoscópico é negativo ($\phi < 0$). Devo chamar a atenção que ($\phi < 0$) indica somente que a intensidade de força imprimida no sistema ocorre no sentido contrário ao da orientação da trajetória.

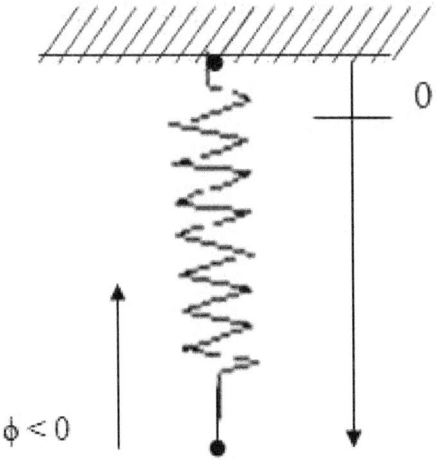

Vou supor que o movimento dinamoscópico seja acelerado. A variação de fluxo dinamoscópico para cada intervalo de tempo, será negativa ($\Delta\phi < 0$) e, portanto, a fluxão também ($\delta < 0$).

a) $\phi < 0 \Rightarrow \Delta\phi < 0, \Delta t > 0$

b) $\delta < 0 \Rightarrow \Delta\phi = \phi_2 - \phi_1 < 0 \; \delta_m = \Delta\phi / \Delta t < 0$

A deformação cujo movimento apresenta os referidos sinais é dito acelerado.
Por outro lado, suponha-se que o sistema esteja submetido a um movimento retardado. A variação de fluxo dinamoscópico, para cada intervalo de tempo, será positiva ($\Delta\phi > 0$) e, portanto, a fluxão dinamoscópica também ($\delta > 0$).

c) $\phi < 0 \Rightarrow \Delta\phi > 0, \Delta t > 0$

d) $\delta > 0 \Rightarrow \Delta\phi = \phi_2 - \phi_1 > 0 \; \delta_m = \Delta\phi / \Delta t > 0$

A deformação cujo movimento apresenta os referidos sinais é dito retardado.
Da discussão que acabo de propor decorre que, para analisar se o movimento de uma deformação é acelerado ou retardado, devem-se comparar os sinais do fluxo dinamoscópico e da fluxão dinamoscópica. Apenas o sinal da fluxão é insuficiente para determinar se um movimento dinamoscópico é acelerado ou retardado.

a) Deformação com movimento acelerado apresenta o módulo do fluxo dinamoscópico aumentando no decorrer do tempo.
Nesse caso o fluxo e a fluxão dinamoscópica tem o mesmo sinal.

b) Deformação com movimento retardado apresenta o módulo do fluxo dinamoscópico diminuindo no decurso do tempo.

Nesses casos, o fluxo e a fluxão dinamoscópica apresentam sinais contrários.

Na deformação por movimento acelerado orientando a trajetória duas vezes: a favor do sentido da força (progressivo) e contra o sentido da força (retrógrado). A partir daí analisa-se os sinais de fluxo e da fluxão nesse movimento acelerado.

Quando a trajetória é a favor da ação da força o fluxo é positivo, a fluxão também o é, e o movimento dinamoscópico especialmente nesse caso é dito acelerado progressivo.

Quando a trajetória é contra ao sentido da ação da força o fluxo é negativo, a fluxão também é negativa, quando isso ocorre diz-se que o movimento oriundo da deformação do sistema é dito acelerado retrógrado. Portanto, decorre que numa deformação processado por um movimento acelerado o fluxo e a fluxão tem o mesmo sinal: ambos são positivos ou ambos são negativos.

O mesmo critério deve ser adotado para a deformação com movimento retardado.

Quando a trajetória é a favor do sentido da ação da força o fluxo é positivo, a fluxão é negativa, nesse caso o movimento da deformação é dito retardado progressivo.

Quando a trajetória é contra o sentido da ação da força o fluxo é negativo, a fluxão é positiva, o movimento da deformação nesse caso é classificado como retardado retrogrado. Disso decorre que, numa deformação por movimento retardado, o fluxo e a fluxão tem sinais contrários: quando um é positivo o outro é negativo e vice-versa.

CAPÍTULO V
Função Fluxo

1. Introdução

Nas deformações dinamoscópicas, além da intensidade de força variar no decurso do tempo, também o fluxo é função do tempo. O fluxo pode ser apresentado como função do tempo através de tabelas ou de expressões matemáticas. A expressão matemática que relaciona o fluxo dinamoscópico (ϕ) com o tempo (t) é denominado por "função horária", e é representada genericamente por:

$$\phi = f(t)$$

Onde se lê: o fluxo dinamoscópico (ϕ) é a função do tempo (t). Cada tipo de deformação tem uma determinada função horária. Considerarei o fluxo dinamoscópico algébrico (associado a um sinal) a intensidade de força imprimida no sistema eu se estende desde uma origem, fixada arbitrariamente, até o estado do fluxo onde se encontra o sistema deformado no instante em que se quer considerá-lo. Evidentemente, associa-se a esse fluxo dinamoscópico algébrico um sinal, positivo ou negativo, dependendo da orientação previamente estabelecida para a trajetória.

Seja então (T) a trajetória de um ponto dinamoscópico, em relação ao referencial dinamoscópico. Para determinar o fluxo dinamoscópico do sistema em cada instante, sobre a trajetória, fixa-se uma origem (0) e adota-se um sentido ao percurso da deformação. O fluxo dinamoscópico na abscissa do sistema dinamoscópico no instante almejado, fica perfeitamente determinado pela intensidade algébrica da força imprimida no sistema, o que é verificado pelo comprimento algébrico da trajetória, ao qual se associa um sinal positivo ou negativo. Entretanto, existem situações em que, no instante em que se iniciou a aplicação do fluxo dinamoscópico, o sistema, não se encontrava na ausência total de fluxo dinamoscópico, mas sim com uma determinada intensidade, (ϕ_0) denominado por "fluxo dinamoscópico inicial". Assim sendo, diz que a maneira pela qual o fluxo dinamoscópico na abscissa varia em função do tempo constitui a lei da deformação; então, obviamente o fluxo é uma função do tempo.

Essa equação permite determinar o fluxo imprimido em um sistema ou corpo dinamoscópico, em relação à uma origem, em cada instante.

2. Equação do Fluxo Dinamoscópico

Um sistema dinamoscópico, encontra-se em estado de deformação uniformemente variada, quando a força imprimida nesse sistema varia uniformemente com o tempo, e quando isso ocorre o fluxo dinamoscópico escalar se mantém constante durante todo o estágio de deformação.

Desse modo, pode-se concluir que:

a) Em qualquer estágio alcançado ela deformação, dentro dos limites elásticos, a fluxão dinamoscópica escalar média do sistema é a mesma;

b) O sistema é impresso por fluxos dinamoscópicos iguais em intervalos de tempos iguais.

c) As variações de fluxos dinamoscópicos são proporcionais aos intervalos de tempo, isto é, o sistema em estágio de deformação uniformemente variada apresenta variações de fluxo dinamoscópico iguais em intervalos de tempo iguais;

d) Em qualquer ponto da deformação, a fluxão dinamoscópica escalar instantânea do sistema é a mesma e ainda igual à sua fluxão escalar média em qualquer trecho da deformação.

Estudarei, pois, a deformação uniformemente variada, considerando para tanto um sistema dinamoscópico qualquer. Utilizarei então uma reta orientada, que se convencionará como sendo a própria trajetória da deformação. Para poder-se referir aos fluxos dinamoscópicos que o sistema irá assumindo em cada instante, será escolhido um ponto origem arbitraria para a cronometragem do tempo, designada como instante origem dos tempos.

Suponha-se que seus fluxos dinamoscópicos escalares instantâneos sejam (ϕ_0, ϕ_1, ϕ_2..., ϕ_{n-1} e ϕ_n) nos respectivos instantes (t_0, t_1, t_2..., t_{n-1} e t_n.)

Observe que o fluxo dinamoscópico (ϕ_0) no instante origem da cronometragem do tempo ($t = 0$) é genérica e, portanto, não precisa necessariamente ser igual à zero. Em outros termos, ao se iniciar a cronometragem do tempo, o sistema dinamoscópico poderá estar ou não dotado por um fluxo dinamoscópico. Costumo designar esse fluxo dinamoscópico como a inicial da deformação do corpo.

Fixando-se esquematicamente os fluxos dinamoscópicos escalares instantâneos nos devidos instantes.

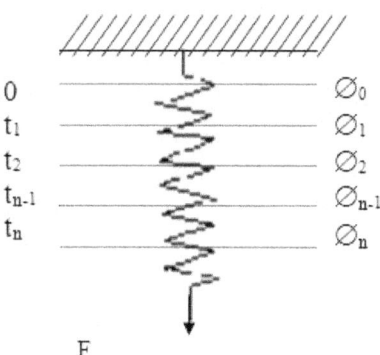

$\phi_1 - \phi_0/t_1 - 0 = \phi_2 - \phi_1/t_2 - t_1 = \ldots = \phi_n - \phi_{n-1}/t_n - t_{n-1} \equiv$ constante

Essa constante de proporcionalidade é a própria fluxão dinamoscópica escalar do sistema. Tomando os instantes (t = 0) e (t = t_n), observe que nesse intervalo o fluxo dinamoscópico escalar do sistema variou de (ϕ_0 a ϕ_n). Portanto, a fluxão dinamoscópica escalar vale em tal intervalo:

$$\delta = \phi_n - \phi_0/t_n - 0 = (\phi_n - \phi_0)/t_n \Rightarrow \phi_n - \phi_0 = \delta \cdot t_n$$

$$\phi_n = \phi_0 + \delta \cdot t_n$$

Como o índice n é genérico, pode suprimi-lo, escrevendo então:

$$\phi = \phi_0 + \delta \cdot t$$

Esta é a equação dos fluxos dinamoscópicos de um sistema em estado de deformação uniformemente variada, a qual permite obter para cada instante (t) o fluxo dinamoscópico escalar instantâneo (ϕ) do sistema. A expressão ($\phi = \phi_0 + \delta \cdot t$), caracteriza a deformação uniformemente variada; a cada valor de t obtém-se, em correspondência um valor par (ϕ). Essa expressão é a função horária da deformação uniformemente variada.

Deformação Uniformemente Variada
$$\phi = \phi_0 + \delta \cdot t$$
$$\delta = \text{constante} \neq 0$$

Se a variação de fluxo ($\Delta\phi$) estiver em N/s (Newton por segundo) e o intervalo de tempo Δt estiver em s (segundos), a fluxão dinamoscópica ($\Delta\phi/\Delta t$) será medida em N/s/s (Newtons por segundo, por segundo) que se indica por N/s^2 (Newton por segundo ao quadrado). De modo geral, a unidade de fluxão é o quociente da unidade de fluxo dinamoscópico por unidade de tempo (N/s/s, d/s/s, N/h/h etc.).

3. Gráficos da Deformação Uniformemente Variada

A equação ($\phi = \phi_0 + \delta \cdot t$) traduz matematicamente uma equação do tipo (Y = A + BX), que é uma equação do primeiro grau ou função linear.

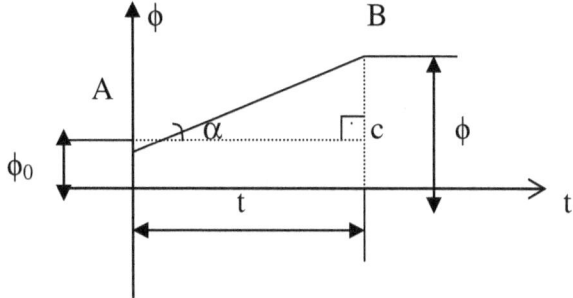

Considerando o triângulo retângulo ABC, tem-se:

$$Tg\alpha = \overline{BC}/\overline{AC} \underset{=}{N} \phi - \phi_0/t - 0 = \delta$$

Portanto

$$Tg\alpha \underset{=}{N} \delta$$

Isto significa que a tangente trigonométrica do ângulo α, definido entre a reta dos fluxos dinamoscópicos e o eixo dos tempos fornece numericamente a fluxão dinamoscópica do sistema. Como o ângulo α é agudo ($0 < \alpha < 90°$), sua tangente é positiva

(Tgα > 0) e, portanto, sua fluxão dinamoscópica também (δ > 0). Porém, o ângulo α pode ser obtuso (90° < α < 180°). Nesse caso, sua tangente será negativa (Tgα < 0) e, portanto, sua fluxão dinamoscópica também (δ < 0). Graficamente tem-se:

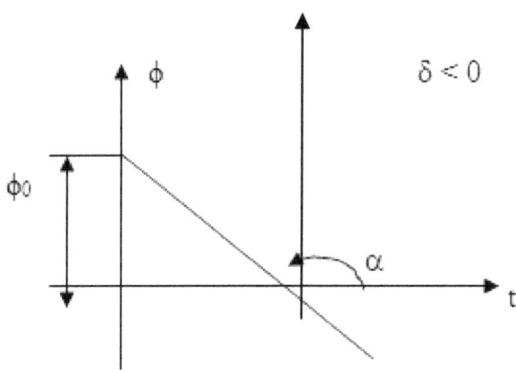

Diagrama das Fluxões

A deformação uniformemente variada apresenta como característica a fluxão dinamoscópica escalar constante, podendo ser positiva (δ > 0) ou negativa (δ < 0). Assim, sendo, tem-se como diagrama das fluxões dinamoscópicas uma reta paralela ao eixo dos tempos (δ ≡ constante), podendo encontrar-se situada acima ou abaixo desse eixo, conforme o sinal da fluxão dinamoscópica.

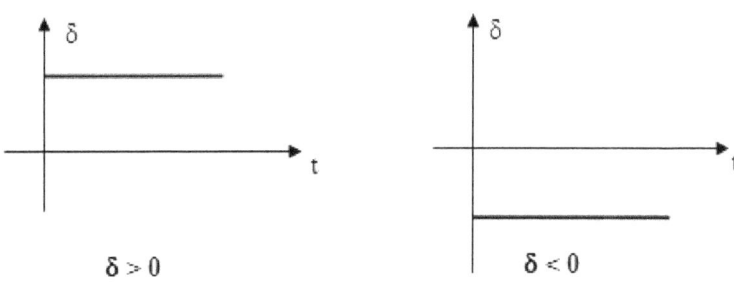

O diagrama das fluxões é aquele que representa a fluxão dinamoscópica imprimida no sistema em cada instante. Como essa fluxão se mantém constante durante todo o estágio de deformação, o gráfico representativo será, evidentemente, dada por uma reta paralela ao eixo dos tempos.

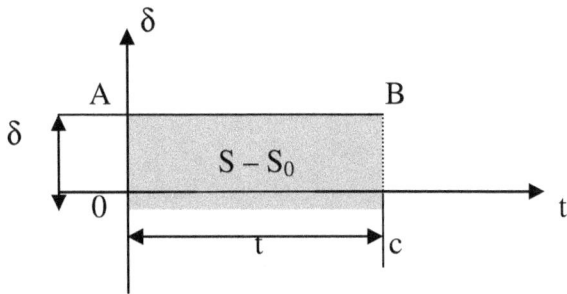

Observa então o retângulo definido pelos pontos (0, A, B, C). Sua área será dada por:

Área = base . altura

$$\text{Área} = (\overline{OC}) \cdot (\overline{BC}) \equiv t \cdot \delta = \delta \cdot t$$

Relembrando a equação da fluxão dinamoscópica:

$$\phi = \phi_0 + \delta \cdot t \rightarrow \phi - \phi_0 = \delta \cdot t$$

Isto permite concluir que a área do retângulo fornece numericamente a o fluxo imprimido no sistema ($\phi - \phi_0$).

$$\text{Área} \equiv \phi - \phi_0 = S - S_0 = \delta \cdot t$$

$$A \underset{=}{N} \Delta\phi$$

Assim, por conclusão, sempre que se almejar obter o fluxo dinamoscópico de fato imprimido em um sistema por intermédio de uma deformação uniformemente variada, bastará calcular a área do retângulo, cuja base representa o intervalo de tempo considerado e cuja altura (A) representa a fluxão dinamoscópica do sistema.

4. Relação Entre Fluxão Dinamoscópica e Aceleração Dinamoscópica

Postulado I

Pela deformação uniformemente variada, sabe-se que a variação de fluxo dinamoscópico imprimido no sistema é igual ao produto entre a fluxão dinamoscópica pelo tempo decorrido.
O referido enunciado é expresso simbolicamente por:

$$\Delta\phi = \delta \cdot t$$

Postulado II

Através da deformação uniformemente variada, sabe-se que a variação da velocidade dinamoscópica originada na deformação do sistema é igual ao produto entre a aceleração dinamoscópica presente no sistema pelo tempo decorrido no processamento da referida deformação.
Simbolicamente o referido enunciado é expresso por:

$$\Delta V = \alpha \cdot t$$

Portanto a razão existente entre a variação do fluxo dinamoscópico e a variação da velocidade dinamoscópica do sistema resulta na seguinte expressão:

$$\Delta\phi/\Delta V = \delta \cdot t/\alpha \cdot t$$

Eliminando os termos em evidência resulta na seguinte expressão:

$$\Delta\phi/\Delta V = \delta/\alpha$$

Portanto, conclui-se que a razão entre a variação do fluxo dinamoscópico pela variação da velocidade dinamoscópica é igual a razão entre a fluxão dinamoscópica pela aceleração dinamoscópica, presente no sistema.

Por outro lado, a razão entre a fluxão dinamoscópica pela aceleração dinamoscópica resulta em uma constante. Portanto, com relação à última expressão, pode-se afirmar que a variação de fluxo dinamoscópico é diretamente proporcional a variação da velocidade dinamoscópica.

Simbolicamente, o referido enunciado é expresso por:

$$\Delta\phi = K . \Delta V$$

5. Equação das Forças

Considere um ponto dinamoscópico se deslocando em uma deformação por tração, com fluxão escalar constante. Seja (ϕ_0) o seu fluxo dinamoscópico escalar no instante inicial da cronometragem do tempo. Seja (ϕ) o seu fluxo dinamoscópico escalar em um instante qualquer.

Com a referida equação, pretendo determinar a intensidade de força imprimida em um corpo dinamoscópico, com relação à origem (0) fixada, em certo intervalo de tempo.

Seja então (F_0) a intensidade de força que define o estado inicial do corpo ou sistema dinamoscópico no instante (t = 0) e seja (F) a intensidade de força imprimida em um corpo dinamoscópico em um instante qualquer e posterior.

A equação ($\phi = \phi_0 + \delta . t$), como já demonstrei, permite obter o fluxo dinamoscópico do sistema em um instante qualquer.

Observando o diagrama dos fluxos dinamoscópicos em função do tempo, nota-se que a figura compreendida entre a reta dos fluxos dinamoscópicos e o eixo dos tempos é um trapézio que apresenta como base maior (ϕ) e base menor (ϕ_0) e altura (t).

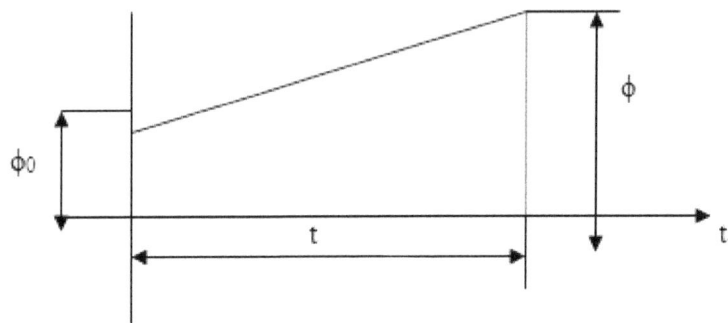

Demonstra-se que, ao se calcular a área definida pela referida figura obtida em um gráfico de fluxo dinamoscópico em função do tempo, em qualquer deformação, esta será numericamente igual à intensidade de força efetivamente imprimida no sistema considerado.
Portanto ao calcular a área do trapézio ilustrado no esquema anterior, obtém-se que:

$$\text{Área} \equiv \text{base maior} + \text{base menor}/2 \,.\, \text{altura}$$

$$\text{Área} \equiv (F - F_0)$$

$$F - F_0 = (\phi_0 - \phi/2) \,.\, t$$

Ou simplesmente:

$$\Delta F = \Delta\phi \,.\, t/2$$

Porém, como ($\phi = \phi_0 + \delta \,.\, t$), substituindo, resulta que:

$$F - F_0 = \phi_0 + (\phi_0 + \delta . t) . t/2$$

$$F - F_0 = (2\phi_0 + \delta . t/2) . t$$

$$F - F_0 = 2\phi_0 . t + \delta . t^2/2$$

Eliminando os termos em evidência, resulta que:

$$F - F_0 = \phi_0 . t + \frac{1}{2} \delta . t^2$$

Portanto, conclui-se que:

$$F = F_0 + \phi_0 . t + \frac{1}{2} \delta . t^2$$

A referida expressão representa simbolicamente a equação das intensidades de forças imprimidas em um corpo ou sistema dinamoscópico.

Devo chamar a atenção para mostrar que as intensidades de forças imprimidas não são proporcionais aos respectivos intervalos de tempos decorridos no processamento da deformação do sistema ou corpo dinamoscópico, pois a referida proporção se verifica tão somente para a deformação uniforme, onde a equação das forças obedece a uma equação do primeiro grau. Já a equação das forças na deformação variada obedece a uma função quadrática.

Pela matemática, a representação gráfica dessa equação é uma parábola, cuja concavidade poderá estar voltada para cima ou para baixo, conforme o sinal de (t^2), ou seja, ($\frac{1}{2} . \delta$). Logo, o sinal que comandará a concavidade da dita parábola será o sinal de (δ).

a) $\delta > 0$ implica concavidade voltada para cima.

b) $\delta < 0$ implica concavidade voltada para baixo.

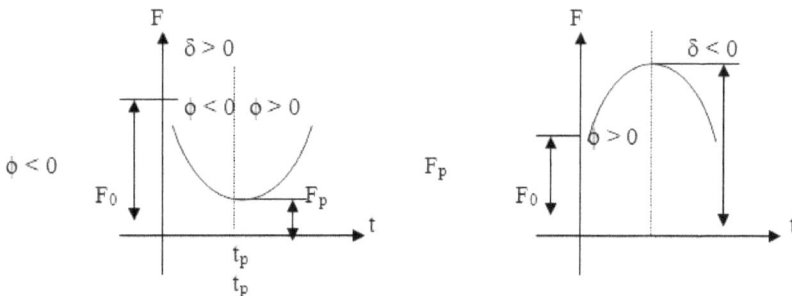

Observe que nos referidos diagramas das intensidades de forças passei a introduzir (t_p) e (F_p), até então desconhecidas, que denominei, respectivamente, por "instante de repouso" e "força de repouso", relativos ao ponto de inflexão, cujos significados parecem bem evidentes.

O estudo da cinemática vem a mostrar a posição ocupada por um ponto dinamoscópico em movimento variado, é expressa pela seguinte equação:

$$L = L_0 + V_0 \cdot t + \tfrac{1}{2} \alpha \cdot t^2$$

Que também é uma equação do segundo grau e, portanto, obedece às mesmas regras mencionadas anteriormente.

Na referida equação, os referidos símbolos correspondem às seguintes grandezas:

a) L = deformação do sistema, comprimento total;

b) L_0 = comprimento inicial;

c) V_0 = velocidade dinamoscópica inicial;

d) t = intensidade de tempo;

e) α = aceleração dinamoscópica.

6. Intensidade Elástica no Movimento Variado

Verificou-se que a variação de deformação de um corpo ou sistema dinamoscópico submetido a um movimento variado é igual à metade da aceleração dinamoscópica multiplicada pela segunda potência do tempo decorrido no processamento da deformação.
Simbolicamente, o referido enunciado é expresso por:

$$\Delta L = \alpha \cdot t^2/2$$

Demonstrou-se também que a variação da intensidade de força imprimida em um corpo ou sistema dinamoscópico é igual à metade da fluxão dinamoscópica multiplicada pela segunda potência do tempo decorrido no processamento da deformação.
O referido enunciado é expresso simbolicamente por:

$$\Delta F = \delta \cdot t^2/2$$

Sabe-se que a intensidade elástica de um corpo ou sistema dinamoscópico é igual ao quociente da variação da deformação do sistema considerado, inverso pela variação da intensidade de força imprimida no referido sistema.
Simbolicamente, o referido enunciado é expresso pela seguinte relação:

$$i = \Delta L/\Delta F$$

Substituindo convenientemente as referidas expressões, obtém-se que:

$$i = \Delta L/\Delta F = (\alpha \cdot t^2/2) / (\delta \cdot t^2/2)$$

Sabendo-se que o produto dos meios é igual aos produtos dos extremos, resulta que:

$$i = 2\alpha \cdot t^2/2\delta \cdot t^2$$

Eliminando os termos em evidência, resulta que:

$$i = \alpha/\delta$$

Desse modo, conclui-se que em uma deformação variada a intensidade elástica é igual ao quociente da aceleração dinamoscópica, inversa pela fluxão dinamoscópica do sistema ou corpo considerado.

Devo chamar a atenção para mostrar que em um item anterior demonstrei que a variação de fluxo dinamoscópico é diretamente proporcional à variação da velocidade dinamoscópica.

Simbolicamente, o referido enunciado é expresso por:

$$\Delta \phi = K \cdot \Delta V$$

Onde a constante de proporção é expressa por:

$$K = \delta/\alpha$$

Com o enunciado da intensidade elástica da deformação variada, conclui-se que:

$$1/i = \delta/\alpha$$

Ou seja, o inverso da intensidade elástica é igual ao quociente da fluxão dinamoscópica inversa pela aceleração dinamoscópica.

Logo vem que a referida constante de proporção é igual ao inverso da intensidade elástica.

Simbolicamente, o referido enunciado é expresso por:

$$K = 1/i$$

Que substituindo convenientemente na expressão do fluxo dinamoscópico, vem que:

$$\Delta\phi = K \cdot \Delta V$$

Logo, resulta que:

$$\Delta\phi = \Delta V/i$$

$$i = \Delta V/\Delta\phi$$

Desse modo, conclui-se que a intensidade elástica de um corpo ou sistema dinamoscópico é igual ao quociente da variação da velocidade dinamoscópica inversa pela variação de fluxo dinamoscópico.

7. Quantidade Elástica na Deformação Variada

Demonstrei em capítulos anteriores que a quantidade elástica de um corpo ou sistema dinamoscópico é igual ao produto entre a variação da intensidade de força pela variação de deformação.
Simbolicamente, o referido enunciado é expresso por:

$$Q = \Delta F \cdot \Delta L$$

Sabe-se que a variação de intensidade de força imprimida em um corpo ou sistema dinamoscópico é igual à metade da fluxão dinamoscópica multiplicada pelo tempo elevado à segunda potência.
O referido enunciado é expresso simbolicamente por:

$$\Delta F = \delta \cdot t^2/2$$

Verificou-se que a variação de deformação é igual à metade da aceleração dinamoscópica em produto com o quadrado do tempo.

Simbolicamente, o referido enunciado é expresso por:

$$\Delta L = \alpha \cdot t^2/2$$

Portanto resulta que a quantidade elástica do sistema em estado de deformação uniformemente variado é expressa por:

$$Q = \Delta F \cdot \Delta L = (\delta \cdot t^2/2) \cdot (\alpha \cdot t^2/2)$$

Logo vem que:

$$Q = \delta \cdot \alpha \cdot t^2 \cdot t^2/4$$

Portanto vem que:

$$Q = \delta \cdot \alpha \cdot t^4/4$$

Portanto, conclui-se que a quantidade dinamoscópica de um corpo ou sistema dinamoscópico é igual a quarta parte da fluxão dinamoscópica multiplicada pela aceleração dinamoscópica em produto com a quarta potência do tempo decorrido no processamento da deformação do corpo ou sistema dinamoscópico.

8. Intensidade Elástica e Quantidade Elástica

Demonstrei que a quantidade elástica de um corpo ou sistema dinamoscópico é igual à intensidade elástica multiplicada pelo quadrado da variação da intensidade de força imprimida no sistema ou corpo dinamoscópico.

O referido enunciado é expresso simbolicamente pela seguinte expressão:

$$Q = i \cdot \Delta F^2$$

Pelo presente capítulo verificou-se que a variação da intensidade de força imprimida em um corpo ou sistema dinamoscópico é igual à metade da fluxão dinamoscópica multiplicada pelo quadrado do tempo decorrido no processamento da deformação do referido corpo ou sistema.

Simbolicamente, o referido enunciado é expresso por:

$$\Delta F = \delta \cdot t^2/2$$

Que elevando ao quadrado vem que:

$$\Delta F^2 = \delta^2 \cdot t^4/4$$

Então substituindo convenientemente as duas expressões vêm que:

$$Q = i \cdot \delta^2 \cdot t^4/4$$

Portanto, conclui-se que a quantidade elástica é igual à intensidade elástica multiplicada pela fluxão dinamoscópica ao quadrado sem produto com a quarta potência do tempo, inversa pela constante absoluta de caráter quatro.

Em outros termos posso afirmar que a quantidade elástica é proporcional à quarta potência do tempo decorrido no processamento da deformação.

Demonstrei que a intensidade elástica na deformação variada é igual ao quociente da aceleração dinamoscópica inversa pela fluxão dinamoscópica.

Simbolicamente, o referido enunciado é expresso por:

$$i = \alpha/\delta$$

Que substituindo convenientemente na última expressão, vem que:

$$Q = (\alpha \cdot \delta^2 \cdot t^4/\delta) / (4/1)$$

Sabendo-se que os produtos dos meios são iguais aos produtos dos extremos, resulta que:

$$Q = \alpha \cdot \delta^2 \cdot t^4/\delta \cdot 4$$

Eliminando os termos em evidência, vem que:

$$Q = \alpha \cdot \delta \cdot t^4/4$$

Portanto, a quantidade elástica de um sistema ou corpo dinamoscópico é igual à quarta parte da aceleração dinamoscópica multiplicada pela fluxão dinamoscópica em produto com a quarta potência do tempo decorrido no processamento da deformação.

9. Quantidade Elástica e Velocidade Dinamoscópica

No presente capítulo pude demonstrar que a variação do fluxo dinamoscópico é igual à fluxão dinamoscópica multiplicada pelo tempo decorrido no processamento da deformação do corpo ou sistema dinamoscópico.

Simbolicamente, o referido enunciado é expresso por:

$$\Delta\phi = \delta \cdot t$$

Também demonstrei que a variação da velocidade dinamoscópica é igual à aceleração dinamoscópica multiplicada pelo tempo decorrido no processamento da deformação do sistema ou corpo dinamoscópico.

O referido enunciado é expresso simbolicamente por:

$$\Delta V = \alpha \cdot t$$

Sabe-se que a quantidade elástica de um corpo ou sistema dinamoscópico é igual à quarta parte da aceleração dinamoscópica multiplicada pela fluxão dinamoscópica em produto com a quarta potência do tempo decorrido no processamento da deformação do referido corpo ou sistema.

Simbolicamente, o referido enunciado é expresso por:

$$Q = \alpha \cdot \delta \cdot t^4/4$$

Substituindo convenientemente as referidas expressões, obtém-se que:

$$Q = \Delta V \cdot \Delta\phi \cdot t^2/4$$

Isolando a letra grega delta, obtém-se que:

$$Q = \Delta(V \cdot \phi) \cdot t^2/4$$

Logo, conclui-se que a quantidade elástica de um corpo ou sistema dinamoscópico em estado de deformação variada é igual ao quociente da variação da velocidade dinamoscópica multiplicada pela variação do fluxo dinamoscópico em produto com a segunda potência do tempo, inversa pela constante numérica quatro.

10. Quantidade Elástica e Deformação

Em capítulos anteriores demonstrei que a quantidade elástica de um corpo ou sistema dinamoscópico é igual ao quociente do quadrado da variação de deformação, inversa pela intensidade elástica do referido corpo ou sistema.

O referido enunciado é expresso simbolicamente por:

$$Q = \Delta L^2/i$$

Verificou-se que a intensidade elástica é igual ao quociente da variação da velocidade dinamoscópica, inversa pela variação do fluxo dinamoscópico.

Simbolicamente, o referido enunciado é expresso por:

$$i = \Delta V/\Delta\phi$$

Que substituindo convenientemente na última expressão, vem que:

$$Q = (\Delta L^2) / (\Delta V/\Delta\phi)$$

Sabendo-se que os produtos dos meios são iguais aos produtos dos extremos, conclui-se que:

$$Q = \Delta L^2 . \Delta\phi/\Delta V$$

Portanto, pode-se afirmar que a quantidade elástica é igual à variação do fluxo dinamoscópico em produto com a segunda potência da variação da deformação, inversa pela variação da velocidade dinamoscópica.

Verificou-se também que a intensidade elástica é igual ao quociente da aceleração dinamoscópica, inversa pela fluxão dinamoscópica.

Simbolicamente, o referido enunciado é expresso pela seguinte relação:

$$i = \alpha . \delta$$

Que substituindo convenientemente na primeira equação do presente item, resulta na seguinte expressão:

$$Q = (\Delta L^2) / (\alpha/\delta)$$

Sabendo-se que o produto dos meios é igual ao produto dos extremos, conclui-se que:

$$Q = \Delta L^2 \cdot \delta/\alpha$$

Portanto, pode-se afirmar que a quantidade elástica de um corpo ou sistema dinamoscópico é igual à fluxão dinamoscópica multiplicada pela segunda potência da variação de deformação, inversa pela aceleração dinamoscópica.

11. Quadrado do Fluxo Dinamoscópico

As equações estabelecidas nas deformações uniformemente variadas permitem determinar a intensidade de força imprimida no sistema e o fluxo dinamoscópico em função do tempo. Entretanto, as referidas equações podem ser combinadas em uma única equação, que possibilita calcular as referidas variáveis em que haja necessidade do emprego do tempo. Em outros termos, estou simplesmente afirmando que é possível determinar uma equação que relaciona exclusivamente "intensidade de força" com o fluxo dinamoscópico.

A obtenção de tal equação é realizada da seguinte maneira:

Verifica-se que a variação da intensidade de força imprimida em um corpo ou sistema é igual ao quociente da fluxão dinamoscópica multiplicada pelo quadrado do tempo decorrido no processamento da deformação inversa pela constante de caráter dois.

Simbolicamente, o referido enunciado é expresso por:

$$\Delta F = \delta \cdot t^2/2$$

Demonstrou-se também que a variação do fluxo dinamoscópico é igual à fluxão dinamoscópica multiplicada pelo tempo decorrido no processamento da deformação do corpo ou sistema dinamoscópico.

O referido enunciado é expresso simbolicamente por:

$$\Delta\phi = \delta \cdot t$$

Substituindo convenientemente as referidas expressões, obtém-se que:

$$\Delta F = \Delta\phi \cdot t/2$$

Isolando a variação do fluxo dinamoscópico, obtém-se que:

$$\Delta\phi = \Delta F \cdot 2/t$$

Realizando a seguinte multiplicação, obtém-se que:

$$\Delta\phi = \delta \cdot t$$

$$\Delta\phi = \Delta F \cdot 2/t$$

$$\Delta\phi^2 = \delta \cdot t \cdot \Delta F \cdot 2/t$$

Eliminando os termos em evidência, resulta que:

$$\Delta\phi^2 = 2\delta \cdot \Delta F$$

A referida expressão permite calcular o fluxo dinamoscópico independentemente do tempo.

12. Energia Elástica e Deformação Variada

Demonstrei em capítulos anteriores que a energia elástica de um corpo ou sistema dinamoscópico é igual à metade da quantidade elástica. O referido enunciado é expresso simbolicamente pela seguinte relação:

$$E = Q/2$$

Verificou-se que a quantidade elástica é igual a fluxão dinamoscópica multiplicada pela aceleração dinamoscópica em produto com a quarta potência do tempo, inversa pela constante de caráter quatro.
Simbolicamente, o referido enunciado é expresso por:

$$Q = \alpha \cdot \delta \cdot t^4/4$$

Igualando convenientemente as duas últimas expressões, obtém-se:

$$2E = \alpha \cdot \delta \cdot t^4/4$$

Portanto vem que:

$$E = \alpha \cdot \delta \cdot t^4/8$$

Logo, conclui-se que a energia dinamoscópica é igual a fluxão dinamoscópica multiplicada pela aceleração dinamoscópica em produto com a quarta potência do tempo decorrido no processamento da deformação, inversa pela constante de caráter oito.

Demonstrei também que a quantidade elástica é igual à quarta parte da intensidade elástica multiplicada pela fluxão dinamoscópica ao quadrado em produto com a quarta potência do tempo decorrido no processamento da deformação.
Simbolicamente, o referido enunciado é expresso por:

$$Q = i \cdot \delta^2 \cdot t^4/4$$

Igualando convenientemente com o primeiro enunciado do presente item, obtém-se que:

$$E \cdot 2 = i \cdot \delta^2 \cdot t^4/4$$

Portanto, vem que:

$$E = i \cdot \delta^2 \cdot t^4/8$$

Logo, conclui-se que a energia dinamoscópica é igual ao quociente da intensidade elástica multiplicada pelo quadrado da fluxão dinamoscópica em produto com a quarta potência do tempo decorrido no processamento da deformação do corpo ou sistema dinamoscópico, inverso pela constante de caráter numérico igual a oito.

Também, verificou-se que a quantidade elástica é igual ao quociente da variação da velocidade dinamoscópica multiplicada pela variação de fluxo dinamoscópico em produto com a segunda potência do tempo decorrido no processamento da deformação do sistema ou corpo dinamoscópico inversa pela constante numérica de caráter igual a quatro.

Simbolicamente o referido enunciado é expresso por:

$$Q = \Delta V \cdot \Delta \phi \cdot t^2/4$$

Igualando convenientemente a referida expressão com a primeira enunciada no presente item, demonstra-se que:

$$2E = \Delta V \cdot \Delta \phi \cdot t^2/4$$

Portanto vem que:

$$E = \Delta V \cdot \Delta\phi \cdot t^2/8$$

Logo, conclui-se que a energia elástica é igual ao quociente da variação da velocidade dinamoscópica multiplicada pela variação do fluxo dinamoscópica em produto cm a segunda potência do tempo decorrido no processamento da deformação do sistema ou corpo dinamoscópico, inversa pela constante numérica de caráter igual a oito.

Cheguei a demonstrar que a quantidade elástica de um corpo ou sistema dinamoscópico é igual ao quociente da variação do fluxo dinamoscópico em produto com a segunda potência da variação da deformação do sistema, inversa pela variação da velocidade dinamoscópica.

O referido enunciado é expresso simbolicamente por:

$$Q = \Delta\phi \cdot \Delta L^2/\Delta V$$

Igualando convenientemente a referida expressão com a primeira expressão enunciada no presente item, obtém-se que:

$$2E = \Delta\phi \cdot \Delta L^2/\Delta V$$

Desse modo, vem que:

$$E = \Delta\phi \cdot \Delta L^2/2\Delta V$$

Portanto, conclui-se que a energia elástica de um corpo ou sistema dinamoscópico é igual ao quociente da variação do fluxo dinamoscópico em produto com a segunda potência da variação da deformação, inversa pelo dobro da variação da velocidade dinamoscópica a qual o corpo ou sistema dinamoscópico está submetido.

Demonstrei também que a quantidade elástica do corpo ou sistema dinamoscópico é igual ao quociente da fluxão dinamoscópica multiplicada pelo quadrado da variação da deformação do sistema, inversa pela aceleração dinamoscópica.

O referido enunciado é expresso simbolicamente pela seguinte relação:

$$Q = \delta \cdot \Delta L^2/\alpha$$

Sabe-se que a quantidade elástica é igual ao dobro da energia elástica. Simbolicamente, o referido enunciado é expresso por:

$$Q = 2E$$

Igualando convenientemente as referidas expressões, obtém-se que:

$$2E = \delta \cdot \Delta L^2/\alpha$$

Logo vem que:

$$E = \delta \cdot \Delta L^2/2\alpha$$

Desse modo, conclui-se que a energia elástica é igual ao quociente da fluxão dinamoscópica em produto com o quadrado da variação da deformação do corpo ou sistema dinamoscópico, inversa pelo dobro da aceleração dinamoscópica a qual o corpo ou sistema dinamoscópico está submetido.

13. Segunda Lei da Quantidade Elástica em Cinelástica

Em capítulos anteriores tive o prazer de demonstrar que a quantidade elástica de um corpo ou sistema dinamoscópico é igual à intensidade elástica em produto com o quadrado da variação da intensidade de força imprimida no referido sistema ou corpo dinamoscópico.

Simbolicamente, o referido enunciado é expresso por:

$$Q = i \cdot \Delta F^2$$

Verificou-se que a intensidade elástica de um corpo ou sistema dinamoscópico é igual ao quociente da variação da velocidade dinamoscópica inversa pela variação de fluxo dinamoscópico.

O referido enunciado é expresso simbolicamente pela seguinte relação:

$$i = \Delta V / \Delta \phi$$

Igualando convenientemente as referidas expressões, obtém-se que:

$$Q = \Delta V \cdot \Delta F^2 / \Delta \phi$$

Portanto, conclui-se que a quantidade elástica de um corpo ou sistema dinamoscópico é igual ao quociente da variação da velocidade dinamoscópica em produto com o quadrado da variação da intensidade de força inversa pela variação do fluxo dinamoscópico.

Sabe-se através de capítulos anteriores que a quantidade elástica de um corpo ou sistema dinamoscópico é igual ao dobro da energia elástica do referido sistema ou corpo.

Simbolicamente, o referido enunciado é expresso por:

$$Q = 2E$$

Igualando convenientemente as duas últimas expressões, obtém-se que:

$$2E = \Delta V \cdot \Delta F^2 / \Delta \phi$$

Logo, vem que:

$$E = \Delta V \cdot \Delta F^2/2\Delta\phi$$

Assim, conclui-se que a energia elástica de um corpo ou sistema dinamoscópico é igual ao quociente da variação da velocidade dinamoscópica em produto com a segunda potência da variação da intensidade de força imprimida no sistema, inversa pelo dobro da variação do fluxo dinamoscópico.

Verificou-se que a intensidade elástica é igual ao quociente da aceleração dinamoscópica, inversa pela fluxão dinamoscópica do corpo ou sistema dinamoscópico considerado.

O referido enunciado é expresso simbolicamente pela seguinte relação:

$$i = \alpha/\delta$$

Logo, igualando convenientemente com a primeira expressão do presente item, obtém-se que:

$$Q = \alpha \cdot \Delta F^2/\delta$$

Isso permite concluir que a quantidade elástica de um corpo ou sistema dinamoscópico é igual ao quociente da aceleração dinamoscópica multiplicada pelo quadrado da variação da intensidade de força, inversa pela fluxão dinamoscópica.

Em capítulos anteriores demonstrei que a quantidade elástica de um corpo ou sistema dinamoscópico é igual ao dobro da energia elástica presente no corpo ou sistema considerado.

O referido enunciado é expresso simbolicamente por:

$$Q = 2E$$

Igualando convenientemente as duas últimas expressões, obtém-se que:

$$2E = \alpha \cdot \Delta F^2/\delta$$

Logo, vem que:

$$E = \alpha \cdot \Delta F^2 / 2\delta$$

Dessa maneira conclui-se que a energia elástica é igual ao quociente da aceleração dinamoscópica em produto com a segunda potência da variação da intensidade de força, inversa pelo dobro da fluxão dinamoscópica.

14. Potência em Cinelástica

A definição de potência implica que a mesma é igual ao quociente da energia elástica inversa pela variação de tempo decorrido no processamento da deformação do corpo ou sistema dinamoscópico considerado.

O referido enunciado é expresso simbolicamente pela seguinte relação:

$$p = E/\Delta t$$

Demonstrei que a energia elástica é igual ao quociente da aceleração dinamoscópica multiplicada pela fluxão dinamoscópica em produto com a quarta potência do tempo decorrido no processamento da deformação, inverso ela constante numérica de caráter igual a oito.

$$E = \alpha \cdot \delta \cdot t^4/8$$

Igualando convenientemente as referidas expressões, obtém-se que:

$$p = (\alpha \cdot \delta \cdot t^4/8) / (\Delta t/1)$$

Sabendo-se que o produto dos meios é igual ao produto dos extremos, conclui-se que:

$$p = \alpha \cdot \delta \cdot t^4/8 \cdot \Delta t$$

Eliminado os termos em evidência, resulta que:

$$p = \alpha \cdot \delta \cdot t^3/8$$

Logo, conclui-se que a potência oriunda de um corpo ou sistema dinamoscópico é igual ao quociente da aceleração dinamoscópica multiplicada pela fluxão dinamoscópica em produto com a terceira potência do tempo decorrido no processamento da deformação inversa pela constante numérica de caráter igual a oito.

Verificou-se que a energia elástica é igual ao quociente da intensidade elástica em produto com a quarta potência do tempo decorrido no processamento da deformação, inversa pela constante numérica de caráter igual a oito.
Simbolicamente, o referido enunciado é expresso por:

$$E = i \cdot \delta^2 \cdot t^4/8$$

Igualando convenientemente a referida expressão com a primeira do presente item, obtém-se que:

$$p = (i \cdot \delta^2 \cdot t^4/8) / t$$

Sabendo-se que o produto dos meios é igual ao produto dos extremos, conclui-se que:

$$p = i \cdot \delta^2 \cdot t^4/8t$$

Eliminando os termos em evidência, vem que:

$$p = i \cdot \delta^2 \cdot t^3/8$$

Isso simplesmente permite afirmar que a potência elástica é igual à intensidade elástica multiplicada pelo quadrado da fluxão dinamoscópica em produto com a terceira potência do tempo decorrido no processamento da deformação, inversa pela constante numérica de caráter igual a oito.

No presente capítulo tive o prazer de demonstrar que a energia elástica é igual à variação da velocidade dinamoscópica multiplicada pela variação do fluxo dinamoscópico em produto com a segunda potência do tempo decorrido no processamento da deformação inversa pela constante numérica de caráter igual a oito.

Simbolicamente, o referido enunciado é expresso por:

$$E = \Delta V \cdot \Delta \phi \cdot t^2/8$$

Igualando convenientemente a referida expressão com a primeira do presente item, obtém-se que:

$$p = (\Delta V \cdot \Delta \phi \cdot t^2/8) / t$$

Sabendo-se que o produto dos meios é igual ao produto dos extremos, conclui-se que:

$$p = \Delta V \cdot \Delta \phi \cdot t^2/8t$$

Eliminando os termos em evidência, resulta que:

$$p = \Delta V \cdot \Delta \phi \cdot t/8$$

Portanto, isso permite concluir que a potência elástica é igual ao quociente da variação da velocidade dinamoscópica multiplicada pela variação do fluxo dinamoscópico em produto com o tempo decorrido no processamento da deformação considerada, inversa pela constante numérica de caráter igual a oito.

De acordo com a referida expressão, pode-se escrever que:

$$p = (\Delta V \cdot t/2) \cdot (\Delta\phi/4)$$

Sabe-se que a variação da deformação de um corpo ou sistema dinamoscópico é igual ao quociente da velocidade dinamoscópica em produto com o tempo decorrido no processamento da referida deformação, inversa pela constante numérica de caráter igual a dois.

Simbolicamente, o referido enunciado é expresso por:

$$\Delta L = \Delta V \cdot t/2$$

Igualando convenientemente as duas últimas expressões, obtém-se que:

$$p = \Delta L \cdot \Delta\phi/4$$

Logo, conclui-se que a potência elástica é igual ao quociente da variação de deformação, multiplicada pela variação de fluxo dinamoscópico, inversa pela constante numérica de caráter igual a quatro.

Por outro lado a referida expressão permite escrever que:

$$p = (\Delta\phi \cdot t/2) \cdot (\Delta V/4)$$

Demonstrei que a variação de intensidade de força imprimida em um corpo ou sistema dinamoscópico é igual ao quociente da variação do fluxo dinamoscópico em produto com o tempo decorrido no processamento da deformação, inversa pela constante numérica de caráter igual a dois.

O referido enunciado é expresso simbolicamente por:

$$\Delta F = \Delta\phi \cdot t/2$$

Igualando convenientemente as duas últimas expressões, obtém-se que:

$$p = \Delta F \cdot \Delta V/4$$

Isso permite afirmar que a potência elástica é igual ao quociente da variação da intensidade de força em produto com a variação da velocidade dinamoscópica, inversa ela constante numérica de caráter igual a quatro.

Verificou-se que a energia elástica é igual ao quociente da variação do fluxo dinamoscópico em produto com o quadrado da variação da deformação, inversa pelo dobro da variação da velocidade dinamoscópica.

Simbolicamente, o referido enunciado é expresso por:

$$E = \Delta\phi \cdot \Delta L^2/2\Delta V$$

Igualando convenientemente a referida expressão com a primeira relação do presente item, obtém-se que:

$$p = (\Delta\phi \cdot \Delta L^2/2\Delta V) / t$$

Sabendo-se que o produto dos meios é igual ao produto dos extremos, obtém-se que:

$$p = \Delta\phi \cdot \Delta L^2/2\Delta V \cdot t$$

Sabe-se que a fluxão dinamoscópica é igual ao quociente da variação de fluxo dinamoscópico inverso pelo tempo decorrido no processamento da deformação do sistema.

O referido enunciado é expresso simbolicamente por:

$$\delta = \Delta\phi/\Delta t$$

Substituindo convenientemente as duas últimas expressões, obtém-se que:

$$p = \delta \cdot \Delta L^2/2\Delta V$$

Isso permite afirmar que a potência elástica de um corpo ou sistema dinamoscópico é igual ao quociente da fluxão dinamoscópica em produto com o quadrado da variação de deformação, inversa pelo dobro da variação da velocidade dinamoscópica.

Demonstrei que a energia elástica é igual ao quociente da fluxão dinamoscópica em produto com o quadrado da variação da deformação, inversa pelo dobro da aceleração dinamoscópica.

O referido enunciado é expresso simbolicamente pela seguinte expressão:

$$E = \delta \cdot \Delta L^2/2\alpha$$

Sabe-se que a potência é igual ao quociente da energia, inversa pelo tempo decorrido no processamento da deformação do sistema.

Simbolicamente, o referido enunciado é expresso por:

$$p = (\delta \cdot \Delta L^2/2\alpha) / (\Delta t/1)$$

Sabendo-se que o produto dos meios é igual ao produto dos extremos, obtém-se que:

$$p = \delta \cdot \Delta L^2/2\alpha \cdot \Delta t$$

Portanto, conclui-se que a potência elástica é igual ao quociente da fluxão dinamoscópica em produto com o quadrado da variação de deformação, inversa pelo dobro da aceleração dinamoscópica em produto com a variação de tempo decorrido no processamento da deformação.

No presente capítulo cheguei a demonstrar que a energia elástica é igual ao quociente da variação da velocidade dinamoscópica em produto com o quadrado da variação da intensidade de força, inversa pelo dobro da variação do fluxo dinamoscópico.

O referido enunciado é expresso simbolicamente pela seguinte expressão:

$$E = \Delta V \cdot \Delta F^2/2\Delta\phi$$

Substituindo convenientemente a referida expressão com a lei que traduz a definição de potência dinamoscópica, obtém-se que:

$$p = (\Delta V \cdot \Delta F^2/2\Delta\phi) / (\Delta t/1)$$

Sabendo-se que o produto dos meios é igual ao produto dos extremos, obtém-se que:

$$p = \Delta V \cdot \Delta F^2/2\Delta\phi \cdot \Delta t$$

Demonstrei que a aceleração dinamoscópica é igual ao quociente da variação da velocidade dinamoscópica, inversa pela variação de tempo.

Simbolicamente, o referido enunciado é expresso pela seguinte relação:

$$\alpha = \Delta V/\Delta t$$

Substituindo convenientemente as duas últimas expressões, obtém-se que:

$$p = \alpha \cdot \Delta F^2/2\Delta\phi$$

Portanto, conclui-se que a potência elástica de um corpo ou sistema dinamoscópico é igual ao quociente da aceleração dinamoscópica em produto com o quadrado da variação da intensidade de força, inversa pelo dobro da variação do fluxo dinamoscópico.

Cheguei a demonstrar que a energia elástica é igual ao quociente da aceleração dinamoscópica em produto com a variação da intensidade de força elevada ao quadrado, inversa pelo dobro da fluxão dinamoscópica.

Simbolicamente, o referido enunciado é expresso por:

$$E = \alpha \cdot \Delta F^2/2\delta$$

Substituindo convenientemente com a expressão que traduz a potência elástica do sistema, obtém-se que:

$$p = \alpha \cdot \Delta F^2/2\delta \cdot \Delta t$$

Isso permite concluir que a potência é igual ao quociente da aceleração dinamoscópica multiplicada pelo quadrado da variação da intensidade de força, inversa pelo dobro da fluxão dinamoscópica em produto com a variação de tempo.

CAPÍTULO VI
Flexão

1. Introdução

A flexão de um corpo elástico é fundamentalmente caracterizada pela deformação angular do corpo dinamoscópico. Para caracterizar o seu estudo, considere um enrolamento, constituindo uma mola primária de aço, com extremidades constituídas por terminais de braços inflexíveis.

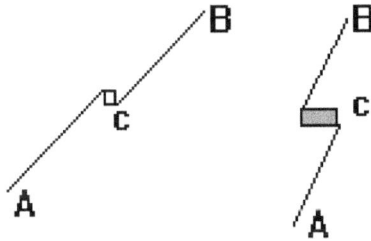

De acordo com as referidas figuras, considere que o centro dessa mola primária seja afixado e, portanto fica privada do movimento de translação, apresentando somente movimento de rotação.

Considere também que um dos terminais esteja afixado a um referencial inercial, o que vem a impedir o movimento de rotação do centro da mola primária.

Dessa maneira, apenas um dos braços ou terminal dessa máquina simples é quem realmente desloca-se ao sofrer a ação de uma intensidade de força.

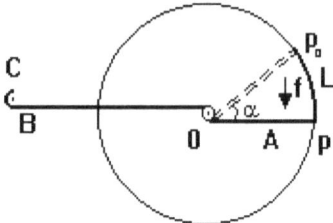

2. Elementos

a) Eixo Principal (0): É o ponto de apoio da alavanca e enrolamento primário da mola à qual a intensidade de força resistente pertence. Ou seja, o ponto de apoio coincide com a intensidade de força resistente da mola;

b) Alavanca (A): É o terminal no qual se imprime uma intensidade de força deslocadora, capaz de movimentar a referida alavanca simples;

c) Força Motriz (f): É a intensidade de força imprimida capaz de deslocar a alavanca simples a partir do seu estado inicial. Provocando uma deformação denominada por flexão;

d) Abertura da Flexão (α): É o ângulo formado pelo deslocamento da alavanca simples, a partir do estado inicial da alavanca na ausência de forças. A variação do ângulo é dada pela seguinte expressão: $\Delta\alpha = \alpha - \alpha_0$;

e) Posição Inicial (p_0): É a posição da alavanca simples na ausência absoluta da força motriz. A variação do deslocamento da alavanca é dada pela seguinte expressão: $\Delta p = p - p_0$;

f) Arco Descrito (L): É o arco que a referida alavanca simples descreve ao deslocar-se do ponto inicial (p_0) para um ponto qualquer;

g) **Braço Inercial (B)**: É o terminal em repouso, cujo objetivo é evitar o movimento de rotação do sistema;

h) **Referencial (c)**: É o referencial fixo que prende o braço inercial, evitando o seu deslocamento.

3. Características

Em geral, considera-se que a flexão aumenta com os ângulos. Na verdade o fenômeno da flexão angular não passa de uma torção sofrida pela mola primária.

A referida máquina simples trata-se de uma alavanca inter-Leandro; cuja intensidade de força resistente oriunda da mola primária coincide com o ponto de apoio do braço de alavanca.

A distância que separa o ponto de aplicação da força motriz e o ponto fixo do eixo é denominada por braço de alavanca da força motriz impressa. A distância entre o ponto de aplicação da força resistente e o ponto fixo é chamada braço de alavanca da força resistente. O referido braço não existe na alavanca inter-Leandro. Por isso mesmo, difere das demais alavancas conhecidas.

4. Equação da Alavanca Inter-Leandro

Admite-se que a letra (d) representa simbolicamente a distância entre a intensidade de força motriz impressa e o ponto fixo. A letra (f) representa a força motriz imprimida e a letra (F) representa a força resistente ou a intensidade da força elástica oriunda da mola primária.

Para se determinar a equação da referida alavanca, basta verificar que a força resistente que é a própria força elástica (F) é igual ao produto entre a intensidade de força motriz impressa (f) pela distância do braço de alavanca.

Simbolicamente, o referido enunciado é expresso por:

$$\Delta F = d \cdot \Delta f$$

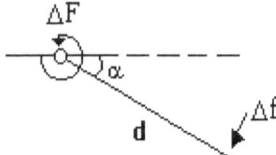

Na alavanca inter-Leandro, qualquer que seja a distância do braço de alavanca e qualquer que seja a força motriz impressa, a força elástica não permanece constante como ocorre no conhecidíssimo "momento da força". Isto significa que ao aumentar o comprimento do braço de alavanca a força motriz impressa diminui na mesma proporção em que aquela aumenta; a força motriz aumenta de intensidade com os ângulos oriundos da flexão. Por isso mesmo não poderia ser considerada como um sistema pertencente à categoria do momento da força; pois, a intensidade de força motriz impressa e a força resistente ou elástica não permanecem constantes, o que perfeitamente justifica a denominação de alavanca inter-Leandro.

A força motriz impressa pode ser positiva, negativa ou nula. Porém, é convencionalmente considerada positiva, quando o sentido da força motriz imprimida tende a coincidir com o sentido do movimento dos ponteiros do relógio. E negativo quando se opõe ao sentido do movimento dos ponteiros do relógio.

5. Flexão Geométrica

No presente item, procuro abordar os principais fenômenos da flexão, que, podem ser analisados e verificados sem um conhecimento prévio da natureza da força-flexão. Postulam-se basicamente os elementos geométricos que caracterizam a flexão.

Daí vem a denominação "flexão geométrica" empregada para caracterizar esta parte do presente livro que versa sobre a elasticidade. Aqui procuro apresentar os conceitos fundamentais ao desenvolvimento da flexão geométrica, discutindo os princípios em que a mesma se baseia, bem como o sentido que deve tomar o seu estudo. Com isso, categoricamente sou o criador da flexão geométrica.

6. Considerações Iniciais

Existe uma série de fenômenos elásticos que podem ser analisados sem a necessidade de um conhecimento prévio das teorias que explicam a natureza da flexão. Estes fenômenos são estudados a partir de considerações de geometria. Eles em conjunto constituem a flexão geométrica.

7. Flexão Angular Geométrica

Diz-se que a deformação de um corpo é uma flexão, quando o ponto onde é impressa a força motriz, descreve a trajetória de uma circunferência.

Inúmeras deformações registradas na natureza são flexões que descrevem curvas perfeitamente circulares, o que vem a destacar a relevância do estudo que estou realizando. Passo agora a enunciar alguns conceitos fundamentais e necessários neste estudo.

8. Lei do Sentido da Flexão Angular

Quando um corpo dinamoscópico é submetido à ação de uma força, e ao passar a sofrer uma torção ou uma flexão angular; cada um dos extremos desse corpo elástico apresenta um sentido para a restituição da força elástica.

Então, para determinar o sentido da força elástica oriunda de um corpo dinamoscópico que apresenta uma deformação por flexão angular ou torção, utiliza-se, então, a lei do sentido da força elástica que é enunciada do seguinte modo:

"Numa deformação por flexão angular ou por torção o sentido da força elástica em um dos extremos é tal, que, por seus efeitos, ela se opõe ao sentido da mesma força elástica no outro extremo desse corpo dinamoscópico".

Isto significa que para se provocar uma deformação por flexão angular ou uma deformação por torção, é necessária que o sentido da intensidade de força imprimida em um dos extremos do terminal se oponha ao sentido da intensidade de força imprimida no estremo do outro terminal; caso contrário, não ocorrerá torção ou flexão angular de nenhuma natureza.

Como o sentido da força elástica é tal, que, por seus efeitos, ela se opõe à força que lhe deu origem. Então, pode-se concluir que numa deformação por flexão angular ou torção, se a força for impressa em um dos extremos no sentido horário, no outro extremo deverá ser impresso uma intensidade de força no sentido anti-horário, para que ocorra a deformação por torção. E a força elástica resultante no primeiro extremo apresentará sentido anti-horário e a intensidade de força elástica resultante no segundo extremo apresentará sento horário; pois o sentido da força imprimida se opõe ao sentido da força elástica que resulta.

Para poder determinar o sentido da deformação por flexão ou torção, utiliza-se a lei do sentido da deformação por flexão que é enunciada da seguinte maneira:

"Numa deformação por flexão angular ou por torção, o sentido da deformação em um dos extremos é tal, que por seus efeitos, ela se opõe ao sentido da deformação no outro extremo desse corpo dinamoscópico".

Na torção ou flexão angular, isto simplesmente significa que o sentido da deformação originada nos extremos do corpo dinamoscópico, se opõe uma à outra de tal forma que o sentido da deformação coincide com o sentido da força; seja ela a força elástica ou a força imprimida.

9. Ângulo Radianos

Abscissas Angular

Quando os corpos dinamoscópicos são flexionados, eles sofrem deformações por intermédio de trajetórias circulares; então, determina-se sua deformação por flexão através de "ângulos centrais" (α) em lugar da deformação por flexão linear.

Denomina-se abscissa angular de um sistema de flexão, uma trajetória circular ao ângulo α formado entre o eixo (C0) (tomado como origem) e o vetor posição ($\overrightarrow{cp}$ do ponto p). O ângulo α (fase) é, por convenção, sempre tomado no mesmo sentido da deformação "linear" (L).

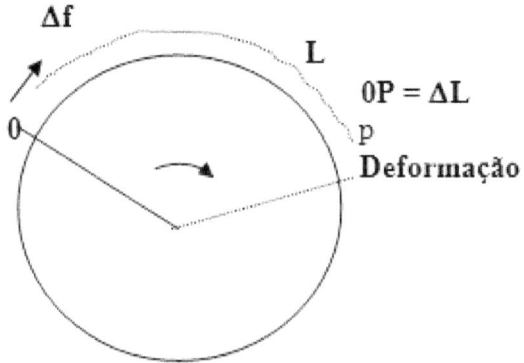

Onde:

R: (raio $\overrightarrow{co}$) R $\underline{\underline{G}}$ d, nessa última expressão deve-se ler que o raio corresponde geometricamente ao braço de alavanca.

L: (arco $\overrightarrow{op}$) medida da própria deformação linear.

Quando se divide o comprimento de um arco de circunferência (ΔL), pelo raio (R) da referida circunferência; obtém-se o chamado "ângulo central" (Δα), subtendido pelo arco, em radianos.

Desse modo supondo o raio da circunferência como sendo (R), sabe-se da geometria que:

ARCO/RAIO = ÂNGULO EM RADIANO

Simbolicamente é representa da seguinte maneira:

$$\Delta\alpha = \Delta L/R \text{ (em rad)}$$

Portanto: (ΔL = Δα . R) onde (α) é a medida do ângulo expresso em radiano.

Um radiano é o ângulo central (α) cujos lados interceptam uma circunferência, determinando sobre a mesma um arco (L) de comprimento igual ao do raio (R), (L = R).

Na realidade esse quociente, denominado por radiano, é um número puro; ou seja, desprovido de unidade, pois resulta da divisão de dois valores da mesma grandeza que é o comprimento. Por isso mesmo, a unidade "radiano" foi introduzida para indicar o resultado de um quociente entre duas medidas de comprimento; representando o ângulo definido.

Radiano		Medida do Arco
1 Radiano	→	Arco = R
α Radiano	→	Arco = L

Por regra de três simples e direta vem que:

$$L \cdot 1 = \alpha \cdot R$$

$$\Delta L = \Delta\alpha \cdot R$$

Desse modo verifica-se que o arco (L) relaciona-se com o ângulo (α) em radianos.

A letra (ΔL) representa simbolicamente a deformação da flexão que determina a posição p na deformação dinamoscópica; o ângulo ($\Delta \alpha$) também localiza a deformação na posição (p) e por isso é chamado por: "flexão angular α".

No caso de considerar o comprimento total da circunferência, esse comprimento é expresso por: ($L = 2\pi . R$). Logo, o ângulo subtendido pela circunferência completa, equivale, portanto a 360 graus, em radianos vale:

$$\alpha = 2\pi . R . R^{-1}$$

$$\alpha = 2\pi \text{ rad}$$

Desse modo chega-se a conclusão que:

$$180º = \pi \text{ rad}$$
$$90º = \pi . 2^{-1} \text{ rad}$$
$$60º = \pi . 3^{-1} \text{ rad}$$

Assim por diante.

Para que o ângulo submetido pelo arco seja (1 rad), é necessário que o comprimento deste seja igual ao comprimento do raio.

$$\Delta L = R$$

Portanto

$$1 \alpha = 1 \text{ rad}$$

$$1 \text{ rad} = 57º \ 17' \ 6''$$

Para fazer a conversão de grau para radiano, basta saber que (2π) radianos correspondem a 360°, logo:

$$2\pi \text{ rad} = 360°$$

A localização de um ponto que é deformado em trajetória circular pode ser realizada de duas maneiras:

I – Medindo-se o comprimento do arco (L) correspondente à posição ocupada pela deformação por flexão com relação à origem, no sentido da orientação fixada;

II – Medindo-se o ângulo central definido pela origem e pelo ponto.

Desse modo, o estudo da flexão geométrica é subdividido em duas seções. Aquela que estuda a flexão linear e aquela que estuda a flexão angular.

Flexão Linear e Angular

Na flexão geométrica linear a variação da deformação é igual à deformação que resulta na presença da força impressa, pela diferença da deformação inicial. Simbolicamente, o referido enunciado é expresso por:

$$\Delta L = L - L_0$$

No entanto para o estudo da flexão geométrica angular, a variação do ângulo é igual ao ângulo descrito na presença da força impressa, pela diferença do ângulo inicial.
O referido enunciado é expresso simbolicamente por:

$$\Delta \alpha = \alpha - \alpha_0$$

Isso quer dizer que o sistema estava deformado numa posição definida pela fase (α_0) e ao ser submetido à ação da força, passou para uma deformação de fase (α).

10. Estudo da Flexão Linear e Angular

A deformação da flexão (L) é denominada por "flexão linear", objetivando a diferenciar da "flexão angular (α)".

Das definições de intensidade elástica, defino intensidade elástica angular (ψ) (letra grega denominada psi). As grandezas lineares: (L; i; f) compõem a flexão linear em contra posição às grandezas angulares: (α; ψ; f), compõem a flexão angular.

Intensidade Elástica Média da Flexão Linear

Sabe-se pelo presente livro que a intensidade elástica linear média (i_m) é definida como sendo igual ao quociente do comprimento do arco deformado, inverso pela força matriz imprimida na efetivação da flexão.
Simbolicamente, o referido enunciado é expresso por:

$$i_m = \Delta L / \Delta f$$

Onde a letra (ΔL) representa a deformação processada em uma trajetória linear qualquer, seja ela curvilínea ou retilínea.
Porém, em termos angulares, a intensidade elástica média da flexão angular (ψ_m) será definida como sendo igual ao quociente da variação de ângulos oriundos da flexão, inversa pela variação de força motriz impressa.
O referido enunciado é expresso simbolicamente pela seguinte relação:

$$\psi_m = \Delta\alpha / \Delta f$$

Onde a letra (Δα) representa a deformação angular numa trajetória circular.

Desse modo defino intensidade elástica angular de um corpo dinamoscópico, a razão entre o ângulo que ele descreve na flexão e a intensidade de força imprimida no sistema.

Intensidade Elástica da Flexão Angular Instantânea

Chama-se, por definição, intensidade elástica angular instantânea (ψ) a expressão:

$$\psi = \lim_{\Delta f \to 0}$$

$$\psi_m = \lim_{\Delta f \to 0} \Delta\alpha/\Delta f$$

11. Flexão Geométrica

Um corpo ou sistema dinamoscópico apresenta uma flexão se a trajetória descrita pelo referido corpo ou sistema deformado for uma circunferência e se sua intensidade elástica for constante. Ou seja, na deformação do referido sistema o ponto onde se imprime a força, sofre uma flexão que deforma distâncias iguais em intensidades de forças iguais.

Observe pela definição que referi à constância da intensidade elástica. Desse modo, são válidas as leis que já estabeleci em capítulos anteriores.

Suponha-se um sistema deformado em uma trajetória circulara, com intensidade elástica constante e igual a (i).

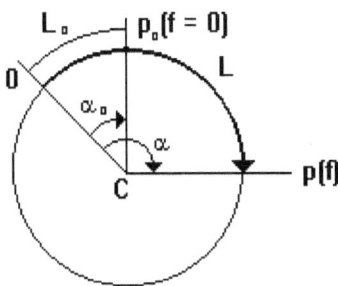

Seja (p_0) a posição da flexão do sistema na intensidade da força motriz (f = 0), nula. Seja (p) a posição da deformação por flexão na intensidade de uma força motriz (f) qualquer. Observa-se, pela figura geométrica, que a flexão do sistema, entre as intensidades de forças motrizes (f = 0) e (f), foi (L – L_0), onde:

a) O símbolo (L_0) corresponde à abscissa que define a deformação por flexão do sistema na intensidade da força motriz (f = 0).

b) O símbolo (L) corresponde à abscissa que define a deformação por flexão do sistema na intensidade da força motriz (f) impressa.

Como se sabe, tanto (L_0) quanto (L) são tomadas com relação a uma origem (0) fixada arbitrariamente.
A função motriz da flexão linear é expressa simbolicamente por:

$$L = L_0 + i \cdot f$$

Esta é uma equação que permite determinar a deformação do sistema, numa intensidade de força (f) qualquer, sendo que tal posição é definida pelo arco de circunferência que se estende desde a origem (0) fixada até o ponto (p) (posição da deformação na intensidade de força motriz f). Entretanto, a deformação do sistema, na intensidade da força motriz (f), pode ainda ser definida pelo ângulo (α).

Dividindo-se a última expressão pelo raio, obtém:

$$L/R = (L_0/R) + (i \cdot f/R)$$

Generalizando, tem-se que:

a_1) O símbolo (α_0) corresponde ao ângulo inicial que define a deformação por flexão do sistema na intensidade da força motriz (f = 0).

b_1) O símbolo (α) corresponde ao ângulo que define a deformação por flexão do sistema numa intensidade de força motriz diferente de zero (f ≠ 0).

É extremamente facial demonstrar que o ângulo (α_0), corresponde ao arco (L_0), tomados sobre a mesma circunferência, e (α) corresponde ao arco (L). Como entre o arco e o ângulo, subsiste a relação:

$$\alpha = L/R$$

Onde a letra (R) simbólica o próprio raio da circunferência, então se pode escrever que:

a_2) $L = \alpha \cdot R$

b_2) $L_0 = \alpha_0 \cdot R$

Como se sabe: ($L = L_0 + i \cdot f$), tem-se que:

$$\alpha \cdot R = \alpha_0 \cdot R + i \cdot f$$

Isto implica que:

$$\alpha \cdot R - \alpha_0 \cdot R = i \cdot f$$

Desse modo resulta:

$$i = R \cdot (\alpha - \alpha_0)/f = R \cdot (\alpha - \alpha_0)/f$$

Porém, como ($\Delta\alpha = \alpha - \alpha_0$), obtém-se que:

$$i = R \cdot \Delta\alpha/f$$

Lembrando ainda que:

$$\Delta\alpha/f = \psi_m = \psi$$

Então se tem:

$$i = \psi \cdot R$$

Esta é a expressão que dá a relação entre a intensidade elástica da flexão linear (i) e a intensidade elástica da flexão angular (ψ).

A referida expressão é enunciada pela seguinte sentença: "A intensidade elástica linear é igual ao produto entre a intensidade elástica angular pelo raio".

Como a intensidade elástica da flexão linear é constante e o raio da circunferência também, tem-se evidentemente a intensidade elástica da flexão angular constante. Portanto, na deformação por flexão, tanto a intensidade elástica da flexão linear quanto a angular são constantes.

Retomando a expressão ($L = L_0 + i \cdot f$) e substituindo convenientemente os valores de (L, L_0 e i), tem-se que:

$$L = L_0 + i \cdot f$$

$$\alpha \cdot R = \alpha_0 \cdot R + \psi \cdot R \cdot f$$

Portanto:

$$\alpha = \alpha_0 + \psi \cdot f$$

A referida expressão é a equação angular da deformação por flexão angular.

12. Dinamismo Dinamoscópico

Deformações Uniformes de Arcos

Um corpo dinamoscópico encontra-se submetido a uma flexão geométrica, quando são deformados arcos iguais de circunferência em intervalos de intensidades de forças iguais.

Dínamo

Na flexão geométrica tenho denominado por dínamo, a intensidade de força imprimida para o corpo dar uma volta completa na circunferência; ou seja, é a menor intensidade de força imprimida para que o sistema de flexão efetue uma revolução completa na circunferência, um ciclo dinamoscópico completo, um giro dinamoscópico completo, uma rotação dinamoscópica completa, uma oscilação dinamoscópica completa etc. Vou representar o dínamo pela letra (D), que é expresso em qualquer uma das unidades conhecidas.

Dinamismo

Na flexão geométrica, denomina-se dinamismo dinamoscópico o número de voltas realizadas em uma unidade qualquer de força; ou seja, é o número de revoluções, ciclos, rotações, giros e outros, completos efetuados pelo sistema, por unidade de força. Vou representar o dinamismo pela letra (d). Costumo medir o dinamismo em:

c_1) ciclos, voltas ou rotações por Newton
c_2) ciclos, voltas ou rotações por dina

d) Se um sistema de deformação por flexão sofre a ação de 10 voltas por Newton 9 d = 10 CPN), em cada volta ela é imprimida por 1/10N (D = 1/10N). Sempre o dínamo (D) é o inverso do dinamismo (d), aliás, pela própria definição.

Como o dínamo é a intensidade de força necessária para completar um ciclo e o dinamismo representa o número de ciclos na unidade de força, posso então estabelecer a seguinte regra de três simples e direta:

$$1 \text{ volta em} \to 1f$$

$$\text{de voltas em} \to 1 \text{ unidade de força}$$

$$d \cdot D = 1 \Rightarrow d = 1/D \Rightarrow D = 1/d$$

Conclui-se então que o dinamismo é o inverso do dínamo e vice-versa.

e) Unidades de Dinamismo

Uma vez que o dinamismo é o número de ciclos ou frações de ciclos oriundos da unidade de força imprimida, passo a definir a unidade de dinamismo como sendo as rotações ou ciclos provocados pela ação de uma intensidade de força.
Assim, tem-se que:

rpN que corresponde a rotações por Newton

rpd que corresponde a rotações por dina
cpN que corresponde a ciclos por Newton
cpd que corresponde a ciclos por dina

Na deformação o ponto onde se imprime a força, sofre uma flexão que deforma arcos iguais em intensidade de forças iguais. No caso particular da flexão decorre que o dínamo de cada volta é sempre o mesmo, isto é, de dínamos em dínamos iguais o ponto onde é impressa a força, passa pela mesma posição. Portanto, a flexão é uma deformação essencialmente dinamística. Seu dínamo (D) é a intensidade da força imprimida em uma volta completa. O número de voltas na unidade de força é o seu dinamismo (d).

$$d . D = 1$$

13. Intensidade Elástica da Flexão Angular

Na flexão angular geométrica, a intensidade elástica da flexão angular é constante; isto é, o sistema flexionado descreve ângulos iguais em intensidades de forças iguais. A força impressa na flexão de um ângulo de (2π rad) é o que denominei por Dínamo (D), de modo que a intensidade elástica angular nessa flexão é demonstrada e expressa do seguinte modo: considerando o ângulo inicial igual a zero ($\alpha_0 = 0$), numa volta o ângulo é igual a dois (pi) ($\alpha = 2\pi$), e a intensidade de força impressa no processamento dessa flexão é o próprio dínamo (D). Ou seja, suponhamos que o sistema de deformação por flexão seja submetido à ação de uma intensidade de fora, de tal forma que sua flexão angular descreva uma volta completa; ou seja, ($\Delta\alpha = \alpha - \alpha_0 = 2$). Como a intensidade da força motriz imprimida para o sistema efetuar uma volta completa, é o próprio dínamo, tem-se então que:

$$\alpha = \psi . f \text{ para } f = D \text{ (1 volta): } \alpha = 2\pi \text{ radianos}$$

Portanto, obtém-se que:

$$\psi = \Delta\alpha/f = 2\pi/D$$

Logo resulta no seguinte:

$$\psi = 2\pi/D$$

Como (1/D = d), associando essa grandeza obtém-se que:

$$\psi = 2\pi \cdot d$$

Desse modo posso afirmar que a intensidade elástica angular é igual ao dobro do (π) em produto com o dinamismo.

14. Unidade de Intensidade Elástica na Flexão Angular

A fórmula de definição de intensidade elástica angular permite escrever que:

$$U(\psi) = U(\alpha)/U(f)$$

A força, geralmente, é medida em Newton, dina e quilograma-força; e o ângulo em radianos e em graus. Tem-se, pois, as unidades:

Rad/N; rad/d; rad/Kgf; e,
Graus/N; graus/d; graus/Kgf.

Outras unidades que me parecem muito práticas são: rpN e rpd ou cpd.

15. Expressão do Ângulo Descrito na Flexão Geométrica

Vou denominar por (α_0) o ângulo descrito, quando se começou a imprimir a força, e de (α) o ângulo descrito pela deformação da flexão oriunda da ação da intensidade de força (f) imprimida. Então:

$$\psi = (\alpha - \alpha_0)/f$$

De onde se conclui que:

a) $\alpha = \alpha_0 + \psi \cdot f$

b) $\alpha = \alpha_0 + 2\pi \cdot f/D$

c) $\alpha = \alpha_0 + 2\pi \cdot d \cdot f$

16. Relação Entre as Intensidades Elásticas da Flexão Linear e Angular

A intensidade elástica da flexão linear é a razão entre a variação da deformação (no caso o arco) e a força imprimida no processamento da referida deformação. Seu valor é absolutamente constante como o raio, é dado simbolicamente pela seguinte expressão:

$$i = \Delta L/\Delta f$$

Tendo em vista que ($\Delta L/R = \Delta \alpha$), vem que ($i = \Delta \alpha \cdot R/\Delta f$), de onde se conclui que:

$i = \psi \cdot R$ $i = 2\pi \cdot R/D$ $i = 2\pi \cdot d \cdot R$

17. Resumo Geral das Leis da Flexão Geométrica

a) A variação de ângulo descrito por um sistema dinamoscópico de flexão é igual ao quociente do arco descrito, inverso pelo raio. Simbolicamente, o referido enunciado é expresso por:

$$\Delta\alpha = \Delta L/R$$

b) A intensidade elástica angular é igual ao quociente da variação de ângulo inverso pela força imprimida no processamento dos referidos ângulos.
O referido enunciado é expresso simbolicamente por:

$$\psi = \Delta\alpha/\Delta f$$

c) A intensidade elástica linear é igual ao produto entre a intensidade elástica angular pelo raio do sistema considerado. Simbolicamente, o referido enunciado é expresso por:

$$i = \psi \cdot R$$

d) O dínamo é o inverso do dinamismo. O referido enunciado é expresso simbolicamente pela seguinte relação:

$$D = 1/d$$

e) A intensidade elástica linear é igual ao quociente da variação do arco descrito, inverso pela variação de intensidade de força imprimida.
Simbolicamente, o referido enunciado é expresso por:

$$i = \Delta L/\Delta f$$

f) A intensidade elástica angular é igual ao quociente do dobro do (π), inversa pelo dínamo.

O referido enunciado é expresso simbolicamente pela seguinte relação:

$$\psi = 2\pi/D$$

g) A intensidade elástica angular é igual ao dobro de (π), multiplicado pelo dinamismo do sistema considerado.

Simbolicamente, o referido enunciado é expresso por:

$$\psi = 2\pi \cdot d$$

h) A intensidade elástica linear é igual ao quociente do dobro de (π), multiplicada pelo raio, inverso pelo dínamo que o sistema apresenta.

O referido enunciado é expresso simbolicamente por:

$$i = 2\pi \cdot R/D$$

i) A intensidade elástica linear é igual ao dobro de (π), multiplicado pelo raio do sistema em produto com o dinamismo que o referido sistema apresenta.

Simbolicamente, o referido enunciado é expresso por:

$$i = 2\pi \cdot R \cdot d$$

E assim encerro o resumo das leis da flexão geométrica, que foram estudadas até o presente momento.

CAPÍTULO VII
Alavanca

1. Introdução

Um postulado muito importante no estudo da flexão geométrica é o seguinte: "O braço de alavanca inter-Leandro é geometricamente igual ao raio da circunferência oriunda da flexão". Simbolicamente, tenho representado o referido enunciado pela seguinte expressão:

$$d \; \underline{G} \; R$$

Onde a letra (d), representa simbolicamente o braço de alavanca. A letra (R) representa simbolicamente o raio.

Desse modo, a equação da alavanca inter-Leandro passa a ser exprimida pela seguinte lei: "A intensidade de força elástica apresentada na chamada mola primária é igual ao produto entre o raio e a intensidade de força diretamente imprimida no sistema". Simbolicamente, o referido enunciado é representado da seguinte maneira:

$$\Delta F = R \cdot \Delta f$$

Onde:

a) ΔF – corresponde à força elástica que aparece na mola primária;
b) R – corresponde ao raio do sistema dinamoscópico circular;
c) Δf – corresponde à variação da intensidade de força imprimida.

No princípio do presente capítulo, o referido fenômeno era expresso literalmente nos seguintes termos:

"A intensidade de força elástica representada na mola primária é igual ao produto entre o braço de alavanca inter-Leandro e a intensidade de força motriz impressa".

O referido enunciado é expresso simbolicamente pela seguinte expressão:

Onde:

$$\Delta F = d \cdot \Delta f$$

d) ΔF – corresponde à força elástica ou resistente da mola primária;
e) d – corresponde ao braço de alavanca inter-Leandro;
f) Δf – corresponde à variação da força motriz imprimida.

2. Relação Entre a Equação da Alavanca Inter-Leandro e as Fórmulas da Flexão Geométrica

Sabe-se que a equação da alavanca inter-Leandro é dada pela seguinte expressão: ($\Delta F = R \cdot \Delta f$).

Ou seja, a variação da intensidade de força elástica armazenada na mola primária é igual ao raio em produto com a variação da intensidade de força imprimida.

Vou procurar relacionar a referida lei com aquelas que foram deduzidas no desenvolvimento do estudo da flexão angular e linear.

Primeira Relação

Demonstrei que o raio é igual ao quociente do arco descrito inverso pelo ângulo que é descrito.

Simbolicamente o referido enunciado é expresso pela seguinte relação:

$$R = \Delta L / \Delta \alpha$$

Substituindo convenientemente o referido enunciado na equação da alavanca inter-Leandro, obtém-se que:

$$\Delta F = \Delta L \cdot \Delta f/\Delta\alpha$$

Desse modo, pode-se afirmar que a variação da força elástica que resulta de uma deformação por flexão é igual ao quociente da variação do arco descrito multiplicado pela variação da intensidade de força imprimida, inversa pela variação de ângulo.

Segunda Relação

Sabe-se que a intensidade elástica angular é igual ao quociente da variação de ângulo, inversa pela variação de intensidade de força imprimida no sistema.

O referido enunciado é expresso simbolicamente pela seguinte relação:

$$\psi = \Delta\alpha/\Delta f$$

Substituindo convenientemente o referido enunciado na equação da alavanca inter-Leandro, obtém-se que:

$$\Delta F = R \cdot \Delta\alpha/\psi$$

Dessa maneira, é possível afirmar que a variação da intensidade de força elástica que resulta de uma deformação por flexão é igual ao quociente do raio multiplicado pela variação de ângulo descrito pelo referido raio, inverso pela intensidade elástica angular que o sistema apresenta.

Terceira Relação

Verificou-se que a intensidade elástica linear é igual a intensidade elástica angular multiplicada pelo raio.

Simbolicamente, o referido enunciado é expresso por:

$$i = \psi \cdot R$$

Substituindo convenientemente a referida expressão na equação da alavanca inter-Leandro, obtém-se que:

$$\Delta F = i \cdot \Delta f/\psi$$

Assim, demonstra-se que a variação da intensidade de força elástica que aparece numa deformação por flexão é igual ao quociente da intensidade elástica linear multiplicada pela variação da intensidade de força imprimida no sistema, inversa pela intensidade elástica angular que o referido sistema apresenta.

Quarta Relação

Demonstrei que a intensidade elástica linear é igual ao quociente da variação do arco descrito, inverso pela variação da intensidade de força imprimida no sistema. Simbolicamente o referido enunciado é expresso pela seguinte relação:

$$i = \Delta L/\Delta f$$

Substituindo convenientemente a referida expressão na equação da alavanca inter-Leandro, obtém-se que:

$$\Delta F = R \cdot \Delta L/i$$

Portanto, posso afirmar que a variação da intensidade de força elástica em um sistema que apresenta deformação angular, é igual ao quociente do raio em produto com a variação do arco descrito, inverso pela intensidade elástica linear que o sistema apresenta.

Quinta Relação

Sabe-se que a intensidade elástica linear de um sistema curvilíneo é igual ao dobro do valor de (π) em produto com o raio do sistema, inverso pelo dínamo que o referido sistema apresenta.
O referido enunciado é expresso simbolicamente pela seguinte relação:

$$i = 2\pi . R/D$$

Substituindo convenientemente a referida expressão na equação da alavanca inter-Leandro, obtém-se que:

$$\Delta F = \Delta f . i . D/2\pi$$

Logo posso afirmar que a variação da intensidade de força elástica é igual ao quociente da variação da intensidade de força imprimida multiplicada pela intensidade elástica linear em produto com o dínamo do sistema inverso pelo dobro do valor de π.

Sexta Relação

Verificou-se que a intensidade elástica linear é igual ao dobro do valor de (π) multiplicado pelo raio em produto com o dinamismo que o sistema apresenta.
Simbolicamente, o referido enunciado é expresso por:

$$i = 2\pi . R . d$$

Substituindo convenientemente a referida expressão na equação da alavanca inter-Leandro, obtém-se que:

$$\Delta F = \Delta f . i/2\pi . d$$

Desse modo, posso afirmar que a variação da intensidade de força elástica é igual ao quociente da variação da intensidade de força imprimida em produto com a intensidade elástica, inversa pelo dobro do valor de (π) em produto com o dinamismo apresentado pelo sistema dinamoscópico considerado.

Sétima Relação

A partir deste momento vou procurar relacionar as diferentes equações estabelecidas.

Verificou-se que a variação da força elástica é igual ao quociente da variação do arco em produto com a variação da intensidade de força imprimida e inversa pela variação do ângulo descrito pelo sistema.

Simbolicamente, o referido enunciado é expresso por:

$$\Delta F = \Delta L . \Delta f/\Delta \alpha$$

Demonstrei também, que a intensidade elástica angular e igual ao quociente da variação de ângulo, inverso pela variação da intensidade impressa.

O referido enunciado é expresso simbolicamente pela seguinte relação:

$$\psi = \Delta \alpha/\Delta f$$

Substituindo convenientemente estas duas últimas expressões, obtém-se que:

$$\Delta F = \Delta L/\psi$$

Portanto posso afirmar que a variação da intensidade de força elástica em um sistema submetido a uma deformação por flexão, é igual ao quociente da variação do arco descrito, inverso pela intensidade elástica angular do sistema.

Oitava Relação

Demonstrei que a variação da intensidade de força elástica é igual ao quociente do arco descrito em produto com a variação de força imprimida, inversa pela variação dos ângulos que o sistema descreve.

Simbolicamente, o referido enunciado é expresso por:

$$\Delta F = \Delta L \cdot \Delta f/\Delta \alpha$$

Sabe-se que a intensidade elástica linear é igual ao quociente da variação do arco descrito, inverso pela variação da intensidade de força imprimida no sistema.

O referido enunciado é expresso simbolicamente pela seguinte relação:

$$i = \Delta L/\Delta f$$

Substituindo convenientemente as duas últimas expressões, obtém-se que:

$$\Delta F = i \cdot \Delta f^2/\Delta \alpha$$

Logo posso afirmar que a variação da intensidade de força elástica resultante de uma deformação por flexão angular é igual à intensidade elástica linear do sistema em produto com o quadrado da variação da intensidade de força imprimida no sistema, inversa pela variação de ângulo descrito pelo mesmo.

Com as referidas fórmulas também é possível estabelecer a seguinte equação:

$$\Delta F = \Delta L^2/\Delta \alpha \cdot i$$

Portanto, conclui-se que a variação da intensidade de força elástica de um sistema sobre deformação por flexão é igual ao quadrado da variação do arco descrito, inverso pela variação de ângulo em produto com a intensidade elástica linear que o sistema apresenta.

Nona Relação

Verificou-se que a variação da intensidade de força elástica é igual ao quociente do raio do sistema, multiplicado pela variação do ângulo descrito, inverso ela intensidade elástica angular.
Simbolicamente, o referido enunciado é expresso por:

$$\Delta F = R \cdot \Delta\alpha/\psi$$

Sabe-se que a intensidade elástica linear é igual à intensidade elástica angular multiplicada pelo raio que o sistema apresenta.
O referido enunciado é expresso simbolicamente por:

$$i = \psi \cdot R$$

Substituindo convenientemente as duas últimas expressões, obtém-se que:

$$\Delta F = \Delta\alpha \cdot i/\psi^2$$

Portanto, o referido resultado permite afirmar que a variação da intensidade de força elástica que resulta de um sistema dinamoscópico submetido a uma deformação por flexão é igual ao quociente da variação de ângulos descrito pelo sistema em produto da intensidade elástica linear que o mesmo apresenta, inversa pelo quadrado da intensidade elástica angular que o referido sistema apresenta.

Décima Relação

Sabe-se que a variação da intensidade de força elástica é igual ao quociente da variação de ângulo descrito pelo sistema considerado em produto com o raio dos mesmos, inverso pela intensidade elástica angular que o referido sistema apresenta.

Simbolicamente, o referido enunciado é expresso por:

$$\Delta F = R \cdot \Delta\alpha/\psi$$

Demonstrei ainda que a intensidade elástica linear é igual ao dobro do valor (π) em produto com o raio do sistema, inverso pelo dínamo que o mesmo apresenta.

O referido enunciado é expresso simbolicamente pela seguinte relação:

$$i = 2\pi \cdot R/D$$

Substituindo convenientemente as duas últimas expressões, obtém-se que:

$$\Delta F = D \cdot i \cdot \Delta\alpha/2\pi \cdot \psi$$

Portanto, conclui-se que a variação da intensidade de força elástica que um sistema submetido a uma deformação por flexão é igual ao quociente do dínamo que o sistema apresenta em produto da intensidade elástica linear multiplicada pela variação de ângulo descrito pelo referido sistema, inverso pelo dobro do valor de π em produto com a intensidade elástica angular que o dito sistema apresenta.

Décima Primeira Relação

Demonstrei que a variação da intensidade de força elástica de um sistema que sofre deformações por flexão é igual ao quociente da intensidade elástica linear em produto com a variação da intensidade de força imprimida no sistema, inversa pela intensidade elástica angular que o referido sistema apresenta.

Simbolicamente, o referido enunciado é expresso pela seguinte relação:

$$\Delta F = i \cdot \Delta f/\psi$$

Sabe-se que a intensidade elástica linear é igual ao quociente da variação do arco descrito pelo sistema, inverso pela variação da intensidade de força imprimida no mesmo. O referido enunciado é expresso simbolicamente pela relação que se segue:

$$i = \Delta L/\Delta f$$

Substituindo convenientemente as duas últimas expressões, obtém-se que:

$$\Delta F = \Delta L/\Delta f \cdot \psi$$

Logo posso afirmar que a variação da intensidade de força elástica é igual ao quociente da variação de arco descrito pelo sistema, inverso pela variação de força imprimida no referido sistema em produto com a intensidade elástica angular que o sistema apresenta.

Décima Segunda Relação

Sabe-se que a variação da intensidade de força elástica é igual ao quociente da intensidade elástica linear em produto com a variação da intensidade de força imprimida no sistema, inversa pela intensidade elástica angular que o mesmo apresenta.
Simbolicamente, o referido enunciado é expresso por:

$$\Delta F = i \cdot \Delta f/\psi$$

Demostrei que a intensidade elástica linear é igual ao dobro do valor do (π) em produto com o raio que o sistema apresenta, inverso pelo dínamo que o sistema apresenta.
O referido enunciado é expresso simbolicamente pela seguinte relação:

$$i = 2\pi . R/D$$

Substituindo convenientemente as duas últimas expressões, obtém-se que:

$$\Delta F = 2\pi . R . \Delta f/D . \psi$$

Logo posso afirmar que a variação da intensidade de força elástica é igual ao dobro do valor de (π) em produto com o raio do sistema multiplicado pela variação da intensidade de força imprimida no sistema, inversa pelo dínamo do sistema considerado, multiplicado pela intensidade elástica angular que o referido sistema apresenta.

Décima Terceira Relação

A variação de força elástica é igual ao quociente da intensidade elástica linear em produto com a variação da intensidade de força imprimida no sistema, inversa pela intensidade elástica angular que o sistema considerado apresenta.
Simbolicamente, o referido enunciado é expresso pela seguinte relação:

$$\Delta F = i . \Delta f/\psi$$

Sabe-se que a intensidade elástica linear é igual ao dobro do valor de (π) em produto com o raio do sistema multiplicado pelo dinamismo que o mesmo apresenta.

O referido enunciado é expresso simbolicamente pela seguinte expressão matemática:

$$i = 2\pi . R . d$$

Substituindo convenientemente as duas últimas expressões, obtém-se que:

$$\Delta F = 2\pi . R . d . \Delta f/\psi$$

A variação da intensidade de força elástica que resulta de uma deformação por flexão angular é igual ao quociente do dobro do valor de (π) em produto com o raio multiplicado pelo dinamismo do sistema em produto com a variação da intensidade de fora impresso no sistema, inversa pela intensidade elástica angular do sistema dinamoscópico considerado.

Décima Quarta Relação

Demonstrei que a variação da intensidade de força elástica é igual ao quociente do raio do sistema multiplicado pela variação do arco descrito pelo sistema, inverso pela intensidade elástica linear que o mesmo apresente.
Simbolicamente, o referido enunciado é expresso pela seguinte relação:

$$\Delta F = R . \Delta L/i$$

Sabe-se que a intensidade elástica linear é igual ao dobro do valor de (π) multiplicado pelo raio do sistema, inverso pelo dínamo do sistema.
O referido enunciado é expresso simbolicamente pela seguinte relação:

$$i = 2\pi . R/D$$

Substituindo convenientemente as duas últimas expressões, obtém-se que:

$$\Delta F = D \cdot \Delta L / 2\pi$$

Portanto, posso afirmar que a variação da intensidade de fora elástica proveniente de uma deformação por flexão é igual ao quociente do dínamo do sistema em produto com a variação do arco descrito pelo referido sistema, inverso pelo dobro do valor da constante (π).

Décima Quinta Relação

Sabe-se que a variação da intensidade de força elástica que origina de uma deformação por flexão é igual ao quociente da variação do arco descrito pelo sistema em produto com o raio do mesmo, inverso pela intensidade elástica linear que o sistema representa.

Simbolicamente o referido enunciado é expresso por:

$$\Delta F = R \cdot \Delta L / i$$

Verificou-se que a intensidade elástica linear que o sistema apresenta é igual ao dobro do valor de (π) em produto com o raio que o referido sistema apresenta multiplicado pelo dinamismo.

O referido enunciado é expresso simbolicamente pela seguinte expressão:

$$i = 2\pi \cdot R \cdot d$$

Substituindo convenientemente as duas últimas expressões, resulta que:

$$\Delta F = \Delta L/2\pi \cdot d$$

Isso permite afirmar que a variação da intensidade de força elástica que aparece em um sistema que sofre uma deformação por flexão é igual ao quociente da variação do arco descrito pelo sistema, inverso pelo dobro do valor de (π) multiplicado pelo dinamismo que o sistema apresenta.

3. Quantidade Elástica Angular

Como em qualquer sistema dinamoscópico linear a quantidade elástica também é conservada nos sistemas dinamoscópicos circulares.

Ao criar a Elasticimetria, apresentei os conceitos fundamentais das leis que regem a quantidade elástica, de forma que no presente item vou apenas estabelecer as expressões angulares da conservação da quantidade elástica.

a) Primeira Lei da Quantidade Elástica Angular

No desenvolvimento da Elasticimetria, demonstrei que a quantidade elástica de um sistema dinamoscópico linear é igual a variação da intensidade de força imprimida no referido sistema em produto com a variação da deformação resultante da ação da referida força.

O referido enunciado é expresso simbolicamente pela seguinte expressão:

$$Q = \Delta F \cdot \Delta L$$

No entanto o referido enunciado tem significado para corpos dinamoscópicos lineares. De maneira que em termos angulares, posso afirmar que a quantidade elástica angular é igual a variação da intensidade de força imprimida em um sistema dinamoscópico que sofre deformação por flexão, multiplicada pela variação da referida força.

Simbolicamente, o referido enunciado é expresso por:

$$q = \Delta f \cdot \Delta \alpha$$

b) Unidade de Quantidade Elástica Angular

A unidade que define a grandeza "quantidade elástica angular" é tirada da própria fórmula de definição da mesma. Portanto de acordo com a definição de quantidade elástica angular, pode-se escrever que:

$$U(q) = U(f) \cdot U(\alpha)$$

Essa expressão deve ser lida da seguinte maneira: a unidade de quantidade elástica angular é igual à unidade de força multiplicada pela unidade de ângulo.

Para unidades de força, tem-se o Newton, a dina etc. Para unidades de ângulos, têm-se o radiano e o grau. Então para unidades de quantidade elástica angular, tem-se o Newton vezes grau (N x graus), a dina vezes o grau (d x grau); o Newton vezes o radiano (N x rad), a dina vezes o radiano (d x rad) etc.

c) Segunda Lei da Quantidade Elástica Angular

Pela lei da intensidade elástica angular, posso afirmar que a mesma é igual ao quociente da variação do ângulo descrito pelo sistema, inverso pela variação da intensidade de força imprimida no referido sistema.

Simbolicamente, o referido enunciado é expresso pela seguinte relação:

$$\psi = \Delta \alpha / \Delta f$$

Logo, conclui-se que a variação de ângulo descrito pelo sistema dinamoscópico considerado é igual à intensidade elástica angular multiplicada pela variação da intensidade de força imprimida no referido sistema.

O referido enunciado é expresso simbolicamente pela seguinte expressão:

$$\Delta\alpha = \psi \cdot \Delta f$$

Sabe-se pela primeira lei da intensidade elástica angular que esta é igual à variação da intensidade de força imprimida no sistema, multiplicada pela variação de ângulo descrito pelo mesmo.

Simbolicamente, o referido enunciado é expresso por:

$$q = \Delta f \cdot \Delta\alpha$$

Substituindo convenientemente as duas últimas expressões, resulta que:

$$q = \Delta f \cdot \Delta\alpha$$

Como

$$\Delta\alpha = \psi \cdot \Delta f$$

Resulta que:

$$q = \Delta f \cdot (\psi \cdot \Delta f)$$

Logo, conclui-se que:

$$q = \psi \cdot \Delta f^2$$

Dessa maneira posso afirmar que a quantidade elástica angular é igual à intensidade elástica angular multiplicada pelo quadrado da variação da intensidade de força imprimida no sistema dinamoscópico considerado.

Observando a referida equação posso afirmar que a mesma é do segundo grau, portanto o gráfico da quantidade elástica angular analisada através da referida equação é uma curva ou, mais precisamente, uma parábola.

O sinal da quantidade elástica angular determina a concavidade da parábola. Se ($\psi > 0$) é voltada para cima, e se ($\psi < 0$) é voltada para baixo, de acordo com os respectivos gráficos:

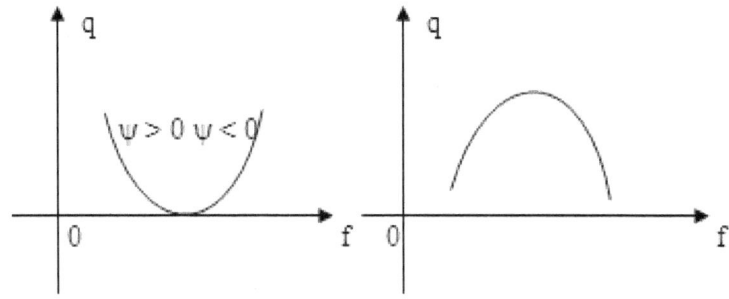

d) **Terceira Lei da Quantidade Elástica Angular**

Sabe-se que a variação da intensidade de força imprimida em um sistema dinamoscópico que sofre uma deformação por flexão é igual ao quociente da variação do ângulo descrito pelo referido sistema, inverso pela intensidade elástica angular que o sistema considerado apresenta.

Simbolicamente, o referido enunciado é expresso pela seguinte relação:

$$\Delta f = \Delta \alpha / \psi$$

Pela segunda lei da quantidade elástica angular posso afirmar que a quantidade elástica de um sistema é igual à intensidade elástica angular, multiplicada pelo quadrado da variação da intensidade de força imprimida no referido sistema.

O referido enunciado é expresso simbolicamente pela seguinte expressão:

$$q = \psi \cdot \Delta f^2$$

Substituindo convenientemente as referidas expressões, obtém-se:

$$q = \psi \cdot \Delta f^2$$

Porém:

$$\Delta f = \Delta \alpha / \psi$$

Logo resulta que:

$$q = \psi \cdot (\Delta \alpha / \psi)^2$$

Assim, conclui-se que:

$$q = \psi \cdot \Delta \alpha^2 / \psi^2$$

Eliminando os termos em evidência, resulta:

$$q = \Delta \alpha^2 / \psi$$

Assim posso concluir que a quantidade elástica angular é igual ao quadrado da variação do ângulo descrito por um sistema dinamoscópico que sofre uma deformação por flexão, inversa pela intensidade elástica angular que o mesmo apresenta.

4. Relação Entre as Leis da Quantidade Elástica e as Demais Leis que Fundamentam as Bases da Flexão Angular e Linear

Primeira Relação

Sabe-se que a variação de ângulo descrito por um sistema dinamoscópico submetido a uma deformação por flexão é igual ao quociente da variação de arco descrito pelo sistema, inverso pelo raio que o mesmo apresenta.

Simbolicamente, o referido enunciado é expresso pela seguinte relação:

$$\Delta \alpha = \Delta L / R$$

Substituindo convenientemente a referida expressão com a primeira lei da intensidade elástica angular, obtém-se que:

$$q = \Delta f \cdot \Delta \alpha$$

Como

$$\Delta \alpha = \Delta L / R$$

Resulta que:

$$q = \Delta f \cdot \Delta L / R$$

Logo, posso afirmar que a quantidade elástica angular é igual ao quociente da variação da intensidade de força multiplicada pela variação de arco descrito pelo sistema, inverso pelo raio que o mesmo apresenta.

Segunda Relação

Demonstrei que a variação da intensidade de força imprimida em um sistema dinamoscópico que sofre uma deformação por flexão é igual ao quociente da variação do arco descrito pelo sistema, inverso pelo valor da intensidade elástica linear que o sistema apresenta. Simbolicamente, o referido enunciado é expresso pela seguinte relação:

$$\Delta f = \Delta L / i$$

Sabe-se que a intensidade elástica angular é igual a variação da intensidade de força imprimida no sistema em produto com a variação de ângulo que o mesmo descreve. O referido enunciado é expresso simbolicamente pela seguinte expressão:

$$q = \Delta f \cdot \Delta \alpha$$

Substituindo convenientemente as duas últimas expressões, obtém-se que:

$$q = \Delta f \cdot \Delta \alpha$$

Porém, sabe-se que:

$$\Delta f = \Delta L / i$$

Logo vem que:

$$q = \Delta L \cdot \Delta \alpha / i$$

Assim, posso afirmar que a quantidade elástica que o sistema apresenta é igual ao quociente da variação do arco descrito pelo sistema em produto com a variação de ângulo que o mesmo descreve, inverso pela intensidade elástica linear que o referido sistema apresenta.

Terceira Relação

Sabe-se que a quantidade elástica angular de um sistema dinamoscópico que sofre deformação por flexão angular é igual à intensidade elástica angular multiplicada pelo quadrado da variação da intensidade de força imprimida no sistema dinamoscópico considerado.

Simbolicamente, o referido enunciado é expresso por:

$$q = \psi \cdot \Delta f^2$$

Demonstrei que a intensidade elástica angular é igual ao quociente da intensidade elástica linear, inversa pelo raio que o sistema dinamoscópico apresenta.

O referido enunciado é expresso simbolicamente pela seguinte relação:

$$\psi = i/R$$

Substituindo convenientemente as duas últimas expressões, obtém-se que:

$$q = i \cdot \Delta f^2/R$$

Portanto, a quantidade elástica angular que o sistema apresenta é igual ao quociente da intensidade elástica linear, multiplicada pelo quadrado da variação da intensidade de força impressa sobre o sistema, inverso pelo raio que o mesmo apresenta.

Quarta Relação

Sabe-se que a intensidade elástica linear é igual ao quociente da variação de arcos descritos pelo sistema, inverso pela variação da intensidade de força imprimida no mesmo.

Simbolicamente, o referido enunciado é expresso por:

$$i = \Delta L / \Delta f$$

Substituindo convenientemente a referida expressão na última que foi deduzida no parágrafo anterior, conclui-se que:

$$q = i \cdot \Delta f^2 / R$$

Porém, como:

$$i = \Delta L / \Delta f$$

Resulta que:

$$q = \Delta L \cdot \Delta f^2 / \Delta f \cdot R$$

Eliminando os termos em evidência, resulta:

$$q = \Delta L \cdot \Delta f / R$$

Desse modo, conclui-se que a quantidade elástica que o sistema considerado apresenta é igual ao quociente da variação do arco descrito pelo referido sistema em produto com a variação da intensidade de força imprimida, inversa pelo raio que o dito sistema apresenta.

Quinta Relação

Pude demonstrar que a intensidade elástica angular é igual ao quociente do dobro do valor de (π), inverso pelo dínamo que o sistema dinamoscópico apresenta.

Simbolicamente, o referido enunciado é expresso pela seguinte relação:

$$\psi = 2\pi / D$$

Pela segunda lei da quantidade elástica angular, demonstrei que a referida quantidade é igual à intensidade elástica angular em produto com o quadrado da variação da intensidade de força imprimida no sistema dinamoscópico considerado.

Simbolicamente, o referido enunciado é expresso por:

$$q = \psi \cdot \Delta f^2$$

Substituindo convenientemente as referidas expressões, obtém-se que:

$$q = 2\pi \cdot \Delta f^2 / D$$

Portanto, isso permite afirmar que a quantidade elástica é igual ao dobro do valor (π) multiplicado pelo quadrado da variação da intensidade de força inversa pelo dínamo que o sistema dinamoscópico apresenta.

Sexta Relação

Sabe-se que a intensidade elástica angular é igual ao dobro do valor (π) multiplicado pelo dinamismo apresentado pelo sistema dinamoscópico considerado.

O referido enunciado é expresso simbolicamente por:

$$\psi = 2\pi \cdot d$$

Substituindo convenientemente a referida expressão na segunda lei da quantidade elástica, obtém-se:

$$q = \psi \cdot \Delta f^2$$

Porém sabe-se que:

$$\psi = 2\pi \cdot d$$

Logo:

$$q = 2\pi d \cdot \Delta f^2$$

Portanto, posso afirmar que a quantidade elástica de um sistema que sofre deformação por flexão é igual ao dobro do valor (π) multiplicado pelo dinamismo que o sistema apresenta em produto com o quadrado da variação da intensidade de força.

Sétima Relação

Demonstrei que a quantidade elástica angular é igual ao quociente do quadrado da variação do ângulo descrito pelo sistema inverso pela intensidade elástica angular que o sistema apresenta.

O referido enunciado é expresso simbolicamente pela seguinte relação:

$$q = \Delta\alpha^2/\psi$$

Sabe-se que a variação de ângulo é igual ao quociente da variação de arco descrito pelo sistema, inverso pelo raio que o mesmo apresenta.

Simbolicamente o referido enunciado é expresso pela seguinte relação:

$$\Delta\alpha = \Delta L/R$$

Substituindo convenientemente as duas últimas expressões, obtém-se que:

$$q = (\Delta L/R)^2/\psi$$

Logo resulta que:

$$q = \Delta L^2/\psi \cdot R^2$$

Logo posso afirmar que a quantidade elástica angular é igual ao quadrado da variação do arco descrito pelo sistema, inverso pela intensidade elástica angular multiplicada pelo quadrado do raio.

Sabe-se que a intensidade elástica linear é igual à intensidade elástica angular multiplicada pelo raio do sistema dinamoscópico.

Simbolicamente, o referido enunciado é expresso por:

$$i = \psi \cdot R$$

Substituindo convenientemente as duas últimas expressões, obtém-se que:

Mas sabe-se que:

$$q = \Delta L^2/\psi \cdot R^2$$

Logo:

$$i = \psi \cdot R$$

$$q = \Delta L^2/i \cdot R$$

Portanto, conclui-se que a quantidade elástica angular é igual ao quadrado da variação do arco descrito pelo sistema, inverso pela intensidade elástica linear que o sistema apresenta em produto com o raio do mesmo.

Oitava Relação

Sabe-se que a quantidade elástica angular é igual ao quociente do quadrado da variação de ângulo descrito pelo sistema, inverso pela intensidade elástica angular que o sistema dinamoscópico apresenta.

Simbolicamente o referido enunciado é expresso por:

$$q = \Delta\alpha^2/\psi$$

Verificou-se que a intensidade elástica angular é igual ao quociente da intensidade linear inversa pelo raio que o sistema dinamoscópico apresenta.

Simbolicamente, o referido enunciado é expresso pela seguinte relação:

$$\psi = i/R$$

Substituindo convenientemente as duas últimas expressões, obtém-se que:

$$q = \Delta\alpha^2 \cdot R/i$$

Portanto, pode-se concluir que a quantidade elástica angular é igual ao quadrado da variação do ângulo descrito pelo sistema multiplicado pelo raio que o mesmo apresenta, inverso pela intensidade elástica linear que caracteriza o referido sistema dinamoscópico.

Nona Relação

No decorrer do presente livro demonstrei que a intensidade elástica angular é igual ao dobro do valor (π), inverso pelo dínamo que o sistema dinamoscópico apresenta.

Simbolicamente, o referido enunciado é expresso pela seguinte relação:

$$\psi = 2\pi/D$$

Sabe-se que a quantidade elástica angular é igual ao quociente do quadrado da variação de ângulo descrito pelo sistema, inverso pela intensidade elástica angular que o sistema apresenta.

Simbolicamente, o referido enunciado é expresso por:

$$q = \Delta\alpha^2/\psi$$

Substituindo convenientemente as duas últimas expressões, obtém-se:

$$q = D \cdot \Delta\alpha^2/2\pi$$

Isso permite afirmar que a quantidade elástica angular é igual ao quociente do dínamo que o sistema dinamoscópico apresenta multiplicado pelo quadrado da variação de ângulo que o sistema descreve, inverso pelo dobro do valor do (π).

Décima Relação

Demonstrei que a intensidade elástica angular é igual ao dobro do valor (π), multiplicado pelo dinamismo que o sistema apresenta.

O referido enunciado é expresso simbolicamente por:

$$\psi = 2\pi \cdot d$$

Sabe-se que a quantidade elástica angular que um sistema dinamoscópico pode apresentar é igual ao quociente do quadrado da variação de ângulo descrito pelo referido sistema, inverso pela intensidade elástica angular.

Simbolicamente, o referido enunciado é expresso pela seguinte relação:

$$q = \Delta\alpha^2/\psi$$

Logo, conclui-se que a substituição entre ambas as expressões, resulta na seguinte:

$$q = \Delta\alpha^2/2\pi \cdot d$$

Desse modo, posso afirmar que a quantidade elástica angular é igual ao quociente do quadrado da variação de ângulo descrito pelo sistema dinamoscópico considerado, inverso pelo dobro do valor (π) multiplicado pelo dinamismo que o referido sistema está sujeito.

5. Relação Entre as Leis da Quantidade Elástica Angular e a Equação da Alavanca Inter-Leandro

Primeira Relação

Verificou-se que a variação da intensidade de força elástica que aparece em um corpo dinamoscópico que sofre uma deformação por flexão angular é igual ao raio que ao referido corpo apresenta multiplicada pela variação da intensidade de força imprimida no referido corpo.

O referido enunciado é expresso simbolicamente pela seguinte expressão:

$$\Delta F = R \cdot \Delta f$$

Portanto de acordo com a referida expressão, a variação da intensidade de força imprimida é igual ao quociente da variação da intensidade de força elástica que o sistema ou corpo dinamoscópico apresenta, inverso pelo raio do mesmo.

Simbolicamente, o referido enunciado é expresso por:

$$\Delta f = \Delta F/R$$

A primeira lei da quantidade elástica angular versa que esta é igual à variação da intensidade de força imprimida, multiplicada pela variação de ângulo que o sistema descreve.
O referido enunciado é expresso simbolicamente por:

$$q = \Delta f \cdot \Delta \alpha$$

Substituindo convenientemente as duas últimas expressões, resulta que:

$$q = \Delta \alpha \cdot \Delta F/R$$

Isso permite afirmar que a quantidade elástica angular é igual ao quociente da variação de ângulo descrito pelo sistema dinamoscópico considerado em produto com a variação da intensidade de força elástica que o mesmo apresenta, inverso pelo raio do referido sistema.

Segunda Relação

Sabe-se que a quantidade elástica angular é igual a intensidade elástica angular multiplicada pelo quadrado da variação da intensidade de força imprimida no sistema dinamoscópico considerado.
Simbolicamente, o referido enunciado é expresso por:

$$q = \psi \cdot \Delta f^2$$

Demonstrou-se que a variação da intensidade de força imprimida em um sistema dinamoscópico que sofre uma deformação angular é igual ao quociente da variação da intensidade de força elástica que o sistema apresenta, inversa pelo raio do mesmo.

O referido enunciado é expresso simbolicamente pela seguinte relação:

$$\Delta f = \Delta F/R$$

Substituindo convenientemente as referidas expressões, obtém-se que:

$$q = \psi \cdot F^2/R^2$$

Portanto, posso afirmar que a quantidade elástica angular é igual ao quociente da intensidade elástica angular multiplicada pelo quadrado da variação da intensidade de força, inversa pelo quadrado do raio.

6. Energia Elástica Angular

Um corpo elástico apresenta energia dinamoscópica que em última analise faz parte da energia mecânica.

Em uma lei de caráter geral que apresentei no presente livro pode-se afirmar que a energia elástica angular é igual ao quociente da quantidade elástica que um sistema apresenta inverso por dois.

Simbolicamente, o referido enunciado é expresso por:

$$e = q/2$$

Desse modo, para efetuar o cálculo da energia elástica angular, basta simplesmente dividir a quantidade elástica que o sistema apresenta, por dois.

A energia elástica angular pode ser conservada, obedecendo a todos os princípios da conservação da quantidade elástica, pode ser armazenada, obedecendo à expressão anterior. Desse modo, pode se utilizada posteriormente.

A energia de um corpo dinamoscópico é chamada por energia potencial elástica, pois é caracterizada pela posição ocupada pelo corpo dinamoscópico.

CAPÍTULO VIII
Flexão Angular e Movimento Circular

1. Introdução

Para poder flexionar um corpo dinamoscópico é necessário imprimir-lhe certa intensidade de força. Essa força provoca como consequência dinamoscópica, uma deformação, seja ela uma deformação por flexão angular ou linear.

Essa deformação é caracterizada pelo deslocamento do ponto onde se imprime as força de uma posição (p_0) para outra (p). Evidentemente, se o ponto onde se aplica a intensidade de força, desloca-se de uma posição para outra, ocupando a cada momento um intervalo do espaço. Então esse ponto apresenta um movimento. Como o referido ponto está em movimento, então ele apresenta também uma velocidade que nada mais é do que a medida da intensidade do movimento.

2. Equação Horária - Movimento Circular Uniforme

A partir desse raciocínio, passo a estabelecer os postulados das principais leis que regem a flexão geométrica e o movimento circular.

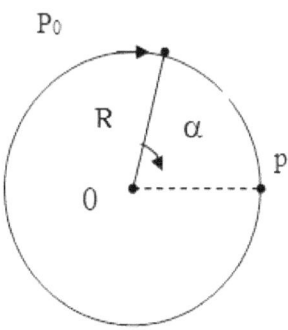

O movimento desse corpo dinamoscópico, ao ser flexionado, apresenta como trajetória uma circunferência coincidindo perfeitamente com o tipo de deformação por flexão geométrica. Desse modo, quando se imprime uma intensidade de força em um corpo dinamoscópico, no sentido de lhe causar uma deformação por flexão, o ponto onde se aplica essa força, movimenta-se sobre a linha curva da circunferência, deslocando-se de um ponto para outro e realiza um deslocamento angular, em certo intervalo de tempo. Desse modo denomina-se por velocidade angular, em certo intervalo de tempo. Destarte, denomina-se por velocidade angular média, o quociente do deslocamento concluído em ângulos inverso pelo tempo decorrido no referido deslocamento.

O referido enunciado é simbolicamente dado pela seguinte expressão matemática:

$$\omega_m = \Delta\alpha/\Delta t$$

Posso então escrever que:

a) $\Delta\alpha = \alpha - \alpha_0$
b) $\Delta t = t - t_0$

Portanto:

$$\omega = (\alpha - \alpha_0)/\Delta t$$

Isto implica que:

$$\alpha - \alpha_0 = \omega \cdot \Delta t$$

Logo vem que:

$$\alpha = \alpha_0 + \omega \cdot \Delta t$$

A referida expressão constitui a equação horária do "movimento circular uniforme", analisado através da velocidade angular.

Onde:

a) o seguinte símbolo (α_0) corresponde ao ângulo inicial no instante ($t_0 = 0$);

b) o seguinte símbolo (α) corresponde à posição angular no instante (t);

c) o seguinte símbolo (ω) corresponde à velocidade angular do movimento;

d) o seguinte símbolo (Δt) corresponde à variação de tempo decorrido durante o processamento do movimento.

Primeira Relação

Sabe-se pela flexão geométrica que ($\alpha = \alpha_0 + \psi$. f). Portanto, igualando a equação horária do movimento circular uniforme com a equação angular da flexão angular, obtém-se que:

$$\alpha = \alpha_0 + \omega . \Delta t = \alpha_0 + \psi . f$$

Eliminando os termos em evidência, resulta na seguinte expressão:

$$\omega . \Delta t = \psi . \Delta t$$

Logo, conclui-se que a velocidade angular multiplicada pela variação de tempo decorrido no processamento do movimento do sistema é igual à intensidade elástica angular multiplicada pela variação da intensidade de força imprimida no sistema dinamoscópico considerado.

Segunda Relação

A última expressão é uma relação angular. Por essa razão, vou procurar verificar a relação linear existente entre a flexão geométrica e o movimento circular uniforme. A equação horária do "movimento circular uniforme", analisada através da velocidade linear é dada pela seguinte expressão:

$$L = L_0 + V \cdot \Delta t$$

Sabe-se pela flexão geométrica que a equação linear da deformação por flexão linear é caracterizada pela seguinte expressão:

$$L = L_0 + i \cdot \Delta f$$

Igualando-se as duas últimas expressões, obtém que:

$$L = L_0 + V \cdot \Delta t = L_0 + i \cdot \Delta f$$

Eliminando os termos em evidência, resulta na seguinte expressão:

$$V \cdot \Delta t = i \cdot \Delta f$$

Desse modo, posso afirmar que no movimento circular uniforme, a velocidade linear do mesmo multiplicado pela variação de tempo decorrido no processamento do referido movimento é igual à intensidade elástica multiplicada pela variação da intensidade de força imprimida no sistema.

Terceira Relação

Postulado I

O estudo do "movimento circular" uniforme permite verificar que a velocidade angular (ω) é igual ao quociente da velocidade escalar, inversa pelo raio. Uma expressão matemática resultante do referido enunciado implica que:

$$\omega = V/R$$

Postulado II

No desenvolvimento dos postulados da flexão geométrica demonstrei que a intensidade elástica angular (ψ) é igual ao quociente da intensidade elástica linear que o sistema dinamoscópico apresenta, inversa pelo raio do mesmo. Simbolicamente o referido enunciado é expresso pela seguinte relação:

$$\psi = i/R$$

Igualando as duas expressões, obtém-se o seguinte resultado:

$$\psi . V = i . \omega$$

Logo, conclui-se que a intensidade elástica angular multiplicada pela velocidade linear é igual à intensidade elástica linear multiplicada pela velocidade angular.

Quarta Relação

Postulado I

Um aprofundamento ao estudo do movimento circular uniforme ao nível das grandezas dínamo e do dinamismo permite verificar que o dinamismo é o inverso do dínamo e vice-versa.

Simbolicamente, o referido enunciado é expresso por:

$$D \cdot d = 1$$

Postulado II

Esse mesmo aprofundamento ao nível do período e da frequência permite afirmar que a frequência é o inverso do período e vice-versa.

O referido enunciado é expresso simbolicamente por:

$$T \cdot f = 1$$

Igualando as referidas expressões, obtém-se que:

$$D \cdot d = T \cdot f$$

Portanto, a igualdade resultante dos postulados anteriores, implica que o produto entre o dínamo pelo dinamismo é igual ao produto entre o período pela frequência a qual o sistema está submetido.

Quinta Relação

Postulado I

Pelas leis da flexão geométrica, sabe-se que a intensidade elástica angular é igual ao dobro do valor (π) inverso pelo dínamo que o sistema dinamoscópico apresenta.

Simbolicamente o referido enunciado é expresso por:

$$\psi = 2\pi/D$$

Por outro lado, sabe-se que o dínamo é o inverso do dinamismo e, portanto pode-se concluir que a intensidade elástica angular é igual ao dobro do valor (π) em produto com o dinamismo.
Simbolicamente o referido enunciado é expresso por:

$$\psi = 2\pi \cdot d$$

Postulado II

Através de estudos experimentais e por demonstrações matemáticas, sabe-se que a velocidade angular é igual ao dobro do valor de (π) em produto com a frequência a qual o sistema está submetido.
O referido enunciado é expresso simbolicamente por:

$$\omega = 2\pi \cdot f$$

Por outro lado, sabe-se que a frequência é inversa ao período e, portanto pode-se concluir que a velocidade angular é igual ao dobro do valor (π), inversa pelo período.
Simbolicamente o referido enunciado é expresso por:

$$\omega = 2\pi/T$$

Isolando convenientemente a constante (2π) mencionada nos postulados (I) e (II), no sentido de igualar as referidas expressões, obtém-se que:

a) $2\pi = \psi \cdot D = \omega \cdot T$

b) $2\pi = \psi/d = \omega/f$

Com isso conclui-se que a intensidade elástica angular multiplicada pelo dínamo que o sistema apresenta é igual à velocidade angular multiplicada pelo período.
Simbolicamente:

$$\psi . D = \omega . T$$

A intensidade elástica angular multiplicada pela frequência do sistema é igual à velocidade angular multiplicada pelo dinamismo do sistema.
Simbolicamente:

$$\psi . f = \omega . d$$

Sexta Relação

Postulado I

Pela flexão geométrica pode-se verificar que a intensidade elástica linear é igual ao produto entre o dobro do valor (π), multiplicado pelo raio em produto com o dinamismo do sistema dinamoscópico considerado.
Simbolicamente, o referido enunciado é expresso por:

$$i = 2\pi . R . d$$

Postulado II

Pelo estudo do movimento circular uniforme, sabe-se que a velocidade escalar é igual ao produto entre o dobro do valor (π) multiplicado pelo raio em produto com a frequência.
O referido enunciado é expresso simbolicamente pela seguinte expressão matemática:

$$V = 2\pi \cdot R \cdot f$$

A igualdade resultante entre os dois primeiros postulados implica que:

$$2\pi \cdot R = i/d = V/f$$

Portanto, chega-se à conclusão que:

$$d \cdot V = i \cdot f$$

Logo, a velocidade escalar multiplicada pelo dinamismo que o sistema apresenta é igual à intensidade elástica linear multiplicada pela frequência que o sistema apresenta.

Sétima Relação

Postulado I

Por intermédio de estudos da flexão geométrica linear, verifica-se que a intensidade elástica linear é igual ao quociente do dobro do valor (π) multiplicado pelo raio que o sistema apresenta, inverso pelo dínamo do mesmo.
Simbolicamente o referido enunciado é expresso por:

$$i = 2\pi \cdot R/D$$

Postulado II

Pelo movimento circular uniforme, sabe-se que a velocidade escalar é igual ao produto do dobro do valor (π) multiplicado pelo raio, inverso pelo período.
O referido enunciado é expresso simbolicamente por:

$$V = 2\pi \cdot R/T$$

Igualando as expressões referidas nos postulados anteriores, obtém-se que:

$$2\pi \cdot R = V \cdot T = i \cdot D$$

Portanto, conclui-se que:

$$V \cdot T = i \cdot D$$

Logo a velocidade escalar multiplicada pelo período do sistema é igual à intensidade elástica linear em produto com o dínamo do sistema dinamoscópico.

3. Fluxo Dinamoscópico na Deformação Angular

Quando se imprime uma intensidade de força em um corpo dinamoscópico qualquer, essa aplicação pode ser feita de maneira uniforme ou variada.

A referida aplicação é caracterizada principalmente pela deformação que o corpo dinamoscópico sofre com o decorrer do tempo. Pois a mesma pode ser variada ou uniforme de acordo com a força.

A grandeza que mede a variação da intensidade da força imprimida no decorrer do tempo é denominada por "fluxo dinamoscópico". No movimento circular uniforme esse fluxo é demonstrado da seguinte maneira: Considere um corpo dinamoscópico que apresenta uma deformação por flexão. Admite que esse corpo dinamoscópico, ao ser flexionado, apresenta um movimento uniforme.

Com o decorrer do tempo o corpo dinamoscópico por flexão deforma-se cada vez mais. Portanto, com o decorrer do tempo a intensidade da força imprimida é cada vez maior. Porém, como o movimento considerado é uniforme; então, em intervalos de tempos idênticos, a intensidade da força imprimida é igual. Pois, seja qual for a intensidade elástica, ela permanece absoluta no ponto da aplicação da força.

Desse modo, defino o fluxo dinamoscópico médio, no intervalo de tempo considerado (t |—| t + Δt), o quociente.

$$\phi_m = \Delta f/\Delta t$$

O fluxo dinamoscópico médio é igual ao quociente da intensidade de força imprimida por intermédio de um movimento uniforme, inversa pelo tempo decorrido no processamento da deformação do sistema. Quando o fluxo dinamoscópico angular varia com o tempo, define-se o fluxo dinamoscópico, em um instante (t), o limite para o qual tende o fluxo médio, quando o intervalo de tempo (Δt) tende a zero:

$$\phi = \lim_{\Delta t \to 0} \Delta f/\Delta t$$

Desse modo, no movimento circular uniforme, denomina-se por fluxo dinamoscópico contínuo, todo fluxo de força impressa de sentido e intensidade fluxal constante com o tempo. Neste caso o fluxo dinamoscópico médio da força imprimida (ϕ_m) em qualquer intervalo de tempo (Δt) é o mesmo e, portanto, igual ao fluxo em qualquer instante (t).

$$\phi_m = \phi$$

A seguinte figura indica o gráfico deste fluxo em função do tempo. Este é o caso mais simples de fluxo dinamoscópico, com o qual relacionei com o estudo da flexão geométrica.

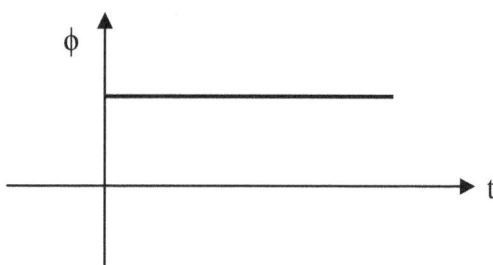

O gráfico mostra que o fluxo da intensidade de força imprimida é constante com o tem pó.

Além do fluxo dinamoscópico contínuo é importante estudar o fluxo dinamoscópico variado, oriundo de um movimento variado.

4. Equação do Fluxo Dinamoscópico na Deformação Angular

Para cada uma das deformações que vou desenvolver, considerarei duas equações:

a) Uma que relaciona o fluxo com o tempo;
b) Outra que relaciona a força com o tempo.

Na deformação uniforme por flexão, por definição, o fluxo é constante, isto é, apresenta sempre o mesmo valor. Logo, sua equação é do tipo:

$$\phi = \text{constante}$$

Como demonstrei o fluxo dinamoscópico é dada pela expressão:

$$\phi_m = f - f_0/t - t_0$$

Na deformação uniforme, o fluxo dinamoscópico médio angular é igual ao instantâneo em todos os instantes, porque é absolutamente constante. Então, posso chama-lo simplesmente por (ϕ). A expressão anterior pode ser escrita da seguinte maneira:

$$f - f_0 = \phi \cdot (t - t_0)$$

Ou simplesmente:

$$f = f_0 + \phi \cdot (t - t_0)$$

Iniciando a cronometragem do tempo em (t_0), isto é, tomando ($t_0 = 0$). Desse modo, a última expressão será representada simbolicamente por:

$$f = f_0 + \phi \cdot t$$

A referida expressão traduz a equação do fluxo dinamoscópico na deformação angular.

5. Aspectos do Gráfico "Força-Tempo" na Flexão Angular

Na deformação por flexão angular uniforme, tanto a força como o fluxo em função do tempo são representados por uma reta, pois as equações de ambos são do primeiro grau.

A equação do fluxo dinamoscópico na deformação angular por flexão, conforme demonstrei, é do tipo:

$$f = f_0 + \phi \cdot t$$

Tanto (f_0), abscissa da intensidade de força inicial, como (ϕ), fluxo, pode ser positivo ou negativo. Pode ocorrer também que (f_0) seja nulo.

Após apresentar os seguintes gráficos, passo a indicar os sinais de (f_0) e de (ϕ).

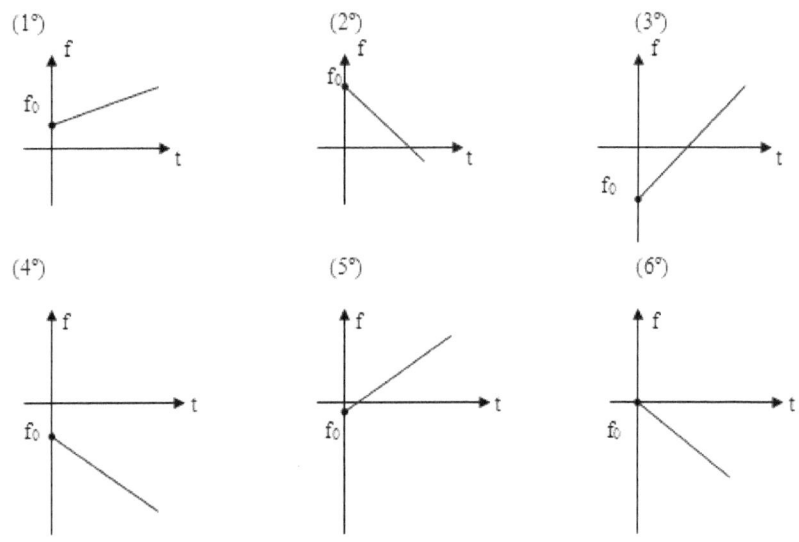

As características dos sinais são:

A) No primeiro e no segundo gráfico $f_0 > 0$.
B) No terceiro e no quarto gráfico $f_0 < 0$.
C) No quinto e no sexto diagrama $f_0 = 0$.
D) No quinto diagrama $\phi > 0$.
E) No sexto gráfico $\phi < 0$.

6. Flexão Geométrica Variada

É muito comum na natureza, a intensidade do movimento que imprime a força do corpo dinamoscópico por flexão, variar no decorrer do tempo e consequentemente o fluxo dinamoscópico angular passa a sofrer uma variação com o decurso do tempo.

Nesse caso, sempre que o fluxo dinamoscópico variar com o passar do tempo, então, pode-se afirmar que o corpo dinamoscópico que sofre deformação por flexão angular ou linear apresenta "dinamoscopia acelerada" ou "fluxão".

Portanto, fluxão é a grandeza física associada ao tipo de deformação pelo qual se faz a aplicação da intensidade da força, que mede a variação do fluxo dinamoscópico na passagem do tempo.

Desse modo é possível verificar experimentalmente que a fluxão dinamoscópica é igual ao quociente da variação do fluxo dinamoscópico a qual o sistema está submetido, inverso pela variação de tempo decorrido no processamento da deformação do sistema dinamoscópico considerado.

O referido enunciado é expresso simbolicamente pela seguinte razão:

$$\xi = \Delta\phi/\Delta t$$

Onde:

a) $\Delta\phi = \phi - \phi_0$
b) $\Delta t = t - t_0$

E (ϕ_0) e (ϕ) são os fluxos dinamoscópicos nos instantes (t_0) e (t), respectivamente.

A fluxão dinamoscópica será positiva, negativa ou nula, segundo o seja a variação do fluxo ($\Delta\phi$).

7. Fluxão Dinamoscópica Angular Instantânea

Do mesmo modo que conceituei fluxo dinamoscópico instantâneo, vou procurar proceder agora com a fluxão dinamoscópica instantânea. Matematicamente a expressão da fluxão dinamoscópica instantânea é expressa por:

$$\xi = \lim_{\Delta t \to 0} \Delta\phi / \Delta t$$

O que quer dizer que a fluxão dinamoscópica instantânea é o limite da razão entre a variação do fluxo dinamoscópico e a variação do tempo correspondente, quando este último tende para zero. Em outros termos, posso dizer que é a flexão dinamoscópica média em um intervalo de tempo extremamente pequeno.

8. Deformação por Flexão Variada

Deformação por flexão variada é aquela na qual a trajetória descrita é uma curva e a flexão dinamoscópica é constante e distinta de zero, portanto, não é nula. Simbolicamente, o que acabo de afirmar é expresso por:

$$\xi = \text{constante} \neq 0$$

A fluxão dinamoscópica é constante quando o fluxo aumenta ou diminui de intensidades iguais em intervalos de tempos iguais.

CAPÍTULO IX
Gráfico e Força

1. Introdução

O que venho apresentando no atual desenvolvimento desta obra, na verdade não passa de um desenvolvimento ou uma recapitulação dos postulados anteriores.

Representando a fluxão dinamoscópica no eixo das ordenadas e o tempo no eixo das abscissas, têm-se os seguintes gráficos:

a) Fluxão Positiva:

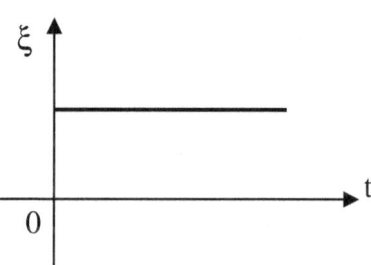

b) Fluxão Negativa:

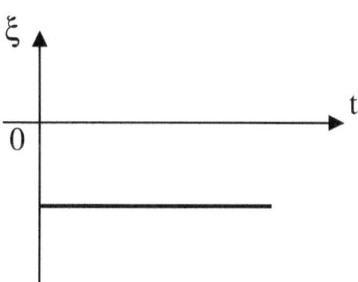

2. Equação do Fluxo na Deformação por Flexão

Nessa deformação, a flexão é constante. Logo, na divisão ($\Delta\phi/\Delta t$), o quociente é sempre o mesmo e igual à fluxão dinamoscópica (ξ).

Iniciando a cronometragem do tempo no instante ($t_0 = 0$), tem-se ($\Delta t = t$) e ($\Delta\phi = \phi - \phi_0$). Donde se conclui que:

$$\xi = (\phi - \phi_0)/t$$

Ou:

$$\phi = \phi_0 + \xi \cdot t$$

Que representa a equação do fluxo na deformação por flexão variada.

3. Gráfico do Fluxo Dinamoscópico da Deformação Variada

O gráfico do fluxo dinamoscópico é uma reta, pois a equação do fluxo, $(\phi) = (\phi_0 + \xi \cdot t)$, é do primeiro grau. Representando o fluxo no eixo das ordenadas e o tempo no eixo das abscissas, têm-se os seguintes gráficos para o fluxo dinamoscópico na deformação por flexão; os referidos gráficos também são perfeitamente válidos para a deformação linear:

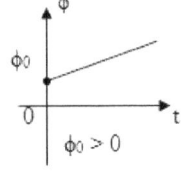 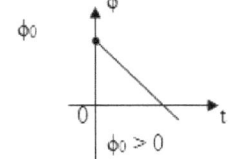 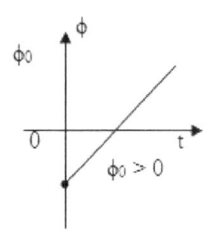

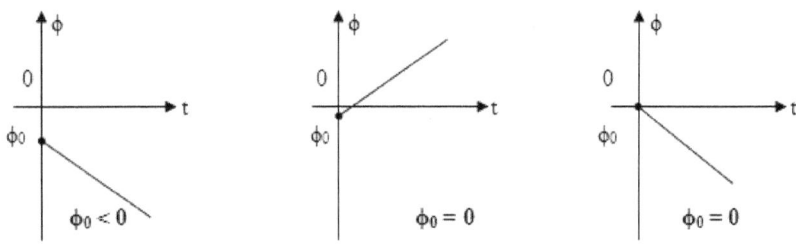

Pelos referidos gráficos do fluxo dinamoscópico, é possível notar se a fluxão é positiva, negativa ou nula.

A) se o gráfico é ascendente, a fluxão é positiva, pois o valor posterior do fluxo é maior que o anterior e a variação do fluxo dinamoscópico evidentemente é positiva ($\Delta\phi > 0$). Deve-se observar que a variação do tempo é sempre positiva ($\Delta t > 0$).

B) Quando o gráfico do fluxo dinamoscópico é descendente, a fluxão é negativa, pois o valor posterior do fluxo é menor que o anterior, neste caso, a variação do fluxo é negativa ($\Delta\phi < 0$).

C) Se o gráfico do fluxo dinamoscópico é uma reta paralela ao eixo dos tempos, a fluxão dinamoscópica é nula, pois o fluxo é absolutamente constante.

4. Equação da Força na Flexão Angular Variada

Vou procurar deduzir a equação da intensidade de força imprimida em uma deformação por flexão angular com movimento variado, a partir de um gráfico fluxo-tempo. Devo lembrar que, nesse diagrama, a área da figura é numericamente igual à intensidade de força imprimida no intervalo de tempo considerado.

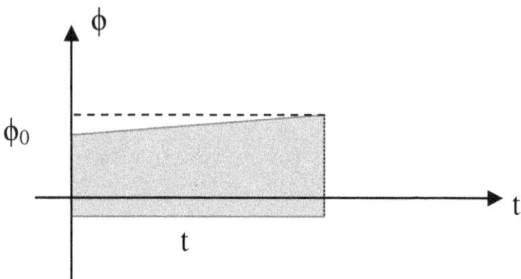

No caso, a figura é um trapézio e sua área é expressa pelo produto da semissoma das bases pela altura, ou seja: (A = área).

$$A = (\phi_0 + \phi) \cdot t/2 = (\phi_0 + \phi_0 + \xi \cdot t/2) \cdot t$$

$$A = 2\phi_0 \cdot t + \xi \cdot t^2/2 = (\phi_0 \cdot t) + (\xi \cdot t^2/2)$$

Por outro lado, a intensidade de força imprimida no intervalo de tempo é:

$$A = f - f_0$$

Igualando convenientemente as duas expressões, obtém-se a seguinte equação:

$$f = f_0 + \phi_0 \cdot t + \xi \cdot t^2/2$$

A referida equação é do segundo grau, o gráfico da intensidade de força é uma curva ou, melhor, uma parábola.

5. Força Elástica e Força Imprimida na Flexão

Verifica-se experimentalmente que ao aplicar uma força em um corpo dinamoscópico que sofre uma deformação por flexão, a referida força diminui de intensidade à medida que o ponto de aplicação da mesma se afasta do centro do corpo dinamoscópico considerado.

Porém, a força elástica resultante da mola primária no centro do corpo dinamoscópico não sofre variação alguma em sua intensidade. Mas a referida força varia com o ângulo descrito pelo sistema dinamoscópico. Desse modo, os postulados básicos da força elástica são os seguintes:

a) A intensidade da força elástica armazenada pelo sistema em relação a um ponto é o produto da intensidade de força imprimida entre o centro do corpo dinamoscópico e o ponto de aplicação da força. Simbolicamente a intensidade de força elástica armazenada é expressa por:

$$F_e = f \cdot d$$

Porém, a intensidade de força elástica e da força imprimida, varia com o ângulo descrito pelo sistema.

É possível verificar experimentalmente que a variação da intensidade de força imprimida é diretamente proporcional à variação de ângulo descrito pelo sistema dinamoscópico considerado.

O referido enunciado é expresso simbolicamente por:

$$\Delta f = K \cdot \Delta\alpha$$

Onde a letra (K), representa uma constante de proporcionalidade que denominei por "constante de Hook na deformação por flexão".

Portanto, substituindo convenientemente as duas últimas expressões, resulta que:

$$\Delta F_e = K \cdot \Delta\alpha \cdot d$$

Logo, posso concluir que a variação da intensidade de força elástica armazenada em um sistema que sofre uma deformação por flexão é diretamente proporcional ao comprimento do braço de alavanca em produto com a variação do ângulo descrito pelo sistema considerado.

Porém, a força elástica não depende do ponto de aplicação da intensidade de força imprimida, pois qualquer que seja esse ponto ela vai apenas variar sua intensidade com o ângulo. Assim, posso afirmar que a variação da intensidade da força elástica é diretamente proporcional à variação do ângulo descrito pelo sistema dinamoscópico em debate.

Simbolicamente, o referido enunciado é expresso por:

$$\Delta F_e = Y \cdot \Delta \alpha$$

Onde a letra (Y) simboliza uma constante de proporção. Desse modo, pode-se concluir que existe uma série de grandezas relacionada com a referida força elástica; como, por exemplo, a intensidade elástica, o fluxo e a fluxão dinamoscópica da mesma. Em rápidas pinceladas, vou analisar as referidas grandezas.

6. Intensidade Elástica da Força Elástica

A intensidade elástica da mola primária é igual ao quociente da variação de ângulo descrito pelo sistema, inversa pela intensidade de força elástica armazenada na mola primária. Representando a intensidade elástica por (E), o ângulo descrito por ($\Delta \alpha$) e a força elástica por (ΔF_e), tem-se a expressão matemática da intensidade elástica:

$$E = \Delta \alpha / \Delta F_e$$

7. Conceito de Intensidade Elástica Instantânea

A intensidade elástica instantânea de um corpo dinamoscópico qualquer é a sua intensidade elástica em uma determinada intensidade de força. É a mesma intensidade elástica média em uma intensidade de força muito pequena, ou seja, numa pequena fração da intensidade de força.
Então a expressão matemática da intensidade elástica instantânea é:

$$E_i = \lim_{\Delta F \to 0} \Delta\alpha/\Delta F$$

Na referida expressão lê-se: intensidade elástica instantânea é o limite da razão entre ($\Delta\alpha$) e (ΔF), quando (ΔF) tende para zero.
Considerando que (ΔF) é ($F - F_0$), o fato de (ΔF) tender para zero equivale a afirmar que a intensidade de força F se aproxima da intensidade (F_0).

8. Relação Entre Intensidade Elástica da Mola Primária e Angular

Demonstrei que a intensidade angular é igual ao quociente da variação do ângulo descrito pelo sistema, inverso pela variação da intensidade de força imprimida no sistema dinamoscópico considerado.
O referido enunciado é expresso simbolicamente pela seguinte relação:

$$\psi = \Delta\alpha/\Delta f$$

Verificou-se também, que a intensidade elástica primária é igual ao quociente da variação de ângulo descrito pelo sistema, inverso pela variação de força elástica armazenada no mesmo.
Simbolicamente o referido enunciado é expresso por:

$$E = \Delta\alpha/\Delta F_e$$

Igualando convenientemente as duas últimas expressões, obtém-se que:

$$\Delta\alpha = \psi \cdot \Delta f = E \cdot \Delta F_e$$

Logo vem que:

$$\psi \cdot \Delta f = E \cdot \Delta F_e$$

$$\psi/E = \Delta F_e/\Delta f$$

Desse modo, posso afirmar que a razão entre a intensidade elástica angular pela intensidade elástica primária é igual ao quociente da variação da intensidade de força elástica inversa pela variação da intensidade de força imprimida. Como as intensidades elásticas angulares e primárias são absolutamente constantes, então a razão entre elas resulta em uma constante de caráter geral. Simbolicamente, conclui-se que:

$$K = \psi/E$$

Substituindo convenientemente na última expressão, resulta que:

$$K = \Delta F_e/\Delta f$$

Logo, resulta que:

$$\Delta F_e = K \cdot \Delta f$$

Assim, afirmo que a variação da intensidade de força elástica armazenada em um sistema dinamoscópico por flexão é diretamente proporcional à variação da intensidade de força imprimida no sistema dinamoscópico considerado.
A referida constante de proporção depende do ponto de aplicação da força e da elasticidade da mola primária.

9. Fluxo Dinamoscópico Primário

O fluxo dinamoscópico primário é definido do mesmo modo que qualquer fluxo.
Então o fluxo dinamoscópico primário é igual ao quociente da variação da intensidade de força elástica, inversa pela variação de tempo decorrido no processamento do armazenamento de força.
Simbolicamente o referido enunciado é expresso pela seguinte relação que é perfeitamente válida para o movimento circular uniforme.

$$\phi_p = \Delta F_e / \Delta t$$

A referida expressão traduz a variação da intensidade de força armazenada pelo sistema dinamoscópico na unidade de tempo.

10. Relação Entre o Fluxo Primário e Angular

Postulei que o fluxo dinamoscópico angular é igual ao quociente da variação da intensidade de força imprimida no sistema, inversa pela variação do tempo decorrido no processamento da aplicação da força.
O referido enunciado é então expresso simbolicamente pela seguinte relação:

$$\phi_a = \Delta f/\Delta t$$

Igualando a expressão dinamoscópica primária com a do fluxo dinamoscópico angular, obtém-se:

$$\Delta t = \Delta F_e/ \phi_p = \Delta f/ \phi_a$$

Logo vem que:

Assim:

$$\Delta F_e/ \phi_p = \Delta f/ \phi_a$$

$$\Delta F_e/\Delta f = \phi_p/ \phi_a$$

Desse modo, afirmo que a razão existente entre o fluxo dinamoscópico primário pelo fluxo dinamoscópico angular é igual ao quociente da variação da intensidade de força elástica armazenada, inversa pela variação da intensidade de força imprimida no sistema dinamoscópico considerado.

Porém, demonstrei que o quociente da variação da intensidade de força elástica inversa pela variação da intensidade de força imprimida é igual ao quociente da intensidade elástica angular, inversa pela intensidade elástica primária. Simbolicamente, o referido enunciado é expresso por:

$$\Delta F_e/\Delta f = \psi/E$$

Igualando convenientemente as duas últimas expressões, obtém-se que:

$$\Delta F_e/\Delta f = \phi_p/\phi_a = \psi/E$$

Então vem que:

$$\phi_p / \phi_a = \psi/E$$

Portanto, posso afirmar que o quociente do fluxo dinamoscópico primário inverso pelo fluxo dinamoscópico angular é igual ao quociente da intensidade elástica angular, inversa pela intensidade elástica primária.

11. Fluxão Dinamoscópica Primária

No movimento circular uniforme, o fluxo dinamoscópico apresenta sempre o mesmo valor, ou seja, sua intensidade não aumenta e nem diminui. Porém, se o movimento for variado o fluxo dinamoscópico também o será.

A fluxão dinamoscópica média primária de um corpo dinamoscópico é a razão entre a variação de seu fluxo dinamoscópico primário e o tempo durante o qual ocorre a variação. Desse modo, posso escrever matematicamente.

$$\xi_a = \Delta\phi_a / \Delta t$$

Onde:

a) $\Delta \phi_a = \phi_a - \phi_{0a}$

b) $\Delta t = t - t_0$

As letras (ϕ_{0a}) e (ϕ_a) são os fluxos nos instantes (t_0) e (t), respectivamente.
Evidentemente a fluxão dinamoscópica primária será positiva, negativa ou nula, segundo seja a variação do fluxo.

12. Relação Entre Fluxão Primária e Angular

Demonstrei que o fluxão dinamoscópico angular é igual ao quociente da variação do fluxo dinamoscópico angular, inverso pela variação de tempo. Simbolicamente, o referido enunciado é expresso por:

$$\xi_a = \Delta\phi_a/\Delta t$$

Verificou-se que a fluxão dinamoscópica primária é igual ao quociente da variação do fluxo dinamoscópico primário, inverso pela variação de tempo. Simbolicamente, o referido enunciado é expresso por:

$$\xi_p = \Delta\phi_p/\Delta t$$

Igualando convenientemente as duas últimas expressões, obtém-se:

$$\Delta t = \Delta\phi_p/\xi_p = \Delta\phi_a/\xi_a$$

Logo vem que:

$$\Delta\phi_p/\xi_p = \Delta\phi_a/\xi_a$$

Assim, resulta que:

$$\Delta\phi_p/\Delta\phi_a = \xi_p/\xi_a$$

Desse modo posso afirmar que a razão entre o fluxo dinamoscópico primário e o angular é igual à relação existente entre a fluxão dinamoscópica primária pela angular.

Porém, nos itens anteriores cheguei a demonstrar que a razão entre o fluxo dinamoscópico primário pelo angular é igual à razão entre a intensidade elástica angular pela primária.

Simbolicamente, posso escrever que:

$$\Delta\phi_p/\Delta\phi_a = \psi/E$$

Desse modo, igualando convenientemente todas as expressões deduzidas até o presente momento, obtém-se:

$$\Delta F_e/\Delta f = \Delta\phi_p/\Delta\phi_a = \psi/E = \xi_p/\xi_a$$

Assim, posso afirmar que a relação entre a força elástica para a força imprimida está para a razão do fluxo dinamoscópico primário pelo fluxo dinamoscópico angular que por sua vez está para a relação entre a intensidade elástica angular pela intensidade elástica primária, que está para a razão entre o fluxão dinamoscópico primário pela fluxão dinamoscópica angular.

www.ingramcontent.com/pod-product-compliance
Lightning Source LLC
Chambersburg PA
CBHW072136170526
45158CB00004BA/1395